COMPTABILITÉ

DES

FABRIQUES PAROISSIALES

COMPRENANT :

1° L'exposé des principes ; — 2° Les modèles et formules ;

3° L'application des uns et des autres

A

LA COMPTABILITÉ FIGURÉE D'UNE FABRIQUE.

> L'administration régulière du temporel des Églises, non-seulement prête un heureux secours à l'administration spirituelle de chaque Paroisse, mais tient aujourd'hui plus que jamais aux destinées catholiques de la France.
>
> (Mgr. PARISIS, *évêque de Langres*).

PARIS.

GAUME FRÈRES, LIBRAIRES, RUE CASSETTE, 4.

—

1851.

PARIS. — IMPRIMERIE DE W. REMQUET ET Ce,

Successeurs de Paul Renouard,

RUE GARANCIÈRE, 5, DERRIÈRE SAINT-SULPICE.

A MONSEIGNEUR PARISIS, ÉVÊQUE DE LANGRES.

Langres, le 22 juillet 1851.

Monseigneur,

J'ai pensé qu'il pourrait y avoir utilité à réunir en un seul corps d'ouvrage les diverses instructions successivement rédigées par vos ordres et sous votre direction immédiate pour la comptabilité des fabriques paroissiales.

C'est l'objet d'un travail qui a reçu d'honorables encouragements et que je viens vous soumettre, comme les prescriptions canoniques m'en font une bien douce obligation.

Ce qu'il peut renfermer de bon vous appartient tout entier, Monseigneur; et je ne saurais en revendiquer pour ma part que les imperfections.

Si vous en autorisez la publication, je vous prierai de vouloir bien aussi accepter l'hommage de l'opuscule, qui devra à votre haut patronage la faveur que lui conciliera votre nom vénéré.

Je suis avec le plus profond respect,

Monseigneur,

De Votre Grandeur,

Le très-humble et très-obéissant serviteur.

VOURIOT.

———o⊙o———

Paris, le 14 août 1851.

Monsieur et très-cher Coopérateur,

Le travail que vous vous proposiez de donner au public étant déjà depuis longtemps devenu la règle de notre diocèse, vous pouviez vous dispenser à ce sujet d'une approbation, que d'ailleurs, comme vicaire général, vous êtes dans le cas d'accorder aux autres. Mais vous avez voulu donner ici l'exemple d'une soumission dont j'aime à reconnaître que vous avez toujours été le modèle. Je vous autorise bien volontiers et même je vous invite instamment à rendre tout à fait public le fruit de vos longues et sérieuses études sur la comptabilité des Fabriques, et je désire qu'il en résulte partout autant de bien que dans le diocèse de Langres.

Veuillez, mon cher Official, agréer l'expression de ma haute et affectueuse estime.

† **P. L.** Évêque de Langres.

A Monsieur l'abbé VOURIOT, Vicaire général, Official, à Langres.

1.

PRÉAMBULE.

Pour donner à la matière que nous traitons ici le développement qu'elle comporte, nous la divisons en trois parties, qui se prêtent un mutuel secours.

Dans la première nous exposons les principes; dans la seconde nous proposons des modèles; dans la troisième nous faisons l'application des uns et des autres à la comptabilité figurée d'une Fabrique. De cette manière, chaque partie, éclairant et complétant les deux autres, en sera le meilleur commentaire.

Cette disposition, qui permet d'entrer dans tous les détails de la comptabilité, et place ainsi continuellement l'exemple à côté du précepte, facilite l'intelligence et l'application des règles, prévient les interprétations erronées, lève les doutes, supplée dans la pratique aux lacunes ou à l'obscurité de la doctrine, réduit à une simple imitation la tâche quelquefois laborieuse de l'exécution, et, présentant aux fabriciens le travail en quelque sorte tout fait, met à la portée des hommes les moins exercés des fonctions honorables, confiées plus souvent à la probité qu'aux connaissances administratives et financières. L'expérience nous a d'ailleurs démontré la nécessité et les avantages de cette méthode pour l'établissement d'une comptabilité à la fois uniforme et parfaitement régulière dans toutes les paroisses d'un diocèse.

Nous donnons à la suite de ce travail sous, forme de *Supplément :* 1° des observations et des formules relatives aux traitements ecclésiastiques; 2° l'Instruction pratique sur la comptabilité des Fabriques que nous citons, note 26, p. 30, et qui reproduit avec une remarquable précision les règles anciennement suivies en cette matière; 3° enfin, le *Règlement de* 1809 *sur les Fabriques.* Le texte de ce règlement, qu'on a fréquemment besoin de consulter, ne sera pas seulement utile pour la partie de l'administration des Fabriques dans laquelle nous avons cru devoir nous renfermer; il sera encore un complément à la fois nécessaire et suffisant pour les autres parties de cette administration, qui ne rentrent pas essentiellement dans notre sujet, et qui d'ailleurs, ne présentant pas autant de difficultés pratiques, n'exigent pas, non plus, les mêmes développements. Par cette disposition, le clergé et les Fabriques trouveront dans ce volume, de peu d'étendue et du prix le plus réduit, ce qui leur importe le plus de connaître pour la bonne administration et la gestion régulière des graves intérêts que l'Église confie à leur zèle et à leur pieux dévouement.

COMPTABILITÉ DES FABRIQUES PAROISSIALES.

PREMIÈRE PARTIE.

EXPOSE DES PRINCIPES.

1. Les règles de la comptabilité des Fabriques peuvent se réduire aux quatre chefs suivants : 1° la formation du budget, 2° le recouvrement des revenus et le paiement des dépenses, 3° la tenue des écritures, 4° la reddition des comptes.

CHAPITRE I.

Formation du Budget.

2. BUDGET. — On nomme budget un état des recettes et des dépenses à faire dans le cours d'une année (1).

Le budget de la Fabrique est dressé par le bureau des marguilliers, voté par le conseil et réglé par l'autorité diocésaine. Il doit offrir le tableau général et détaillé des recettes et des dépenses à faire pour le compte de la Fabrique dans le cours d'un exercice. (*Règlement des Fabriques*, art. 2, 24, 45, 46, 47 et 48).

3. EXERCICE. On nomme exercice l'ensemble des actes de gestion faits dans le cours d'une année.

L'exercice commence au premier janvier et finit au 31 décembre de l'année qui lui donne son nom ; cependant la clôture ne s'en fait que deux mois plus tard. Il doit être définitivement clos pour le premier dimanche du mois de mars qui suit, puisque c'est l'époque à laquelle le trésorier soumet son compte à l'examen du bureau des marguilliers. (*Règl.*, art. 85).

Les deux mois d'intervalle entre la fin d'un exercice et sa clôture, sont accordés aux comptables

---

(1) Si le mot budget est nouveau, ce qu'il exprime ne l'est pas ; car la plupart des anciens règlements de fabrique dont le texte nous a été conservé, renferment des dispositions équivalentes à ce que nous appelons aujourd'hui budget. On lit en effet presque dans tous : « Sera fait un état exact des revenus tant fixes que casuels de la Fabrique, ensemble de toutes les charges et dépenses ordinaires dans le même ordre de chapitres et articles du compte, lequel sera remis à chaque marguillier entrant en exercice de comptable, pour lui servir au recouvrement des revenus de la Fabrique et à l'acquittement des charges ; et sera ledit état renouvelé tous les ans, par rapport aux changements qui pourraient arriver chaque année.

« Ne pourront être faites d'autres dépenses par le marguillier en exercice de comptable, que celles mentionnées audit état ; à moins qu'il n'en ait été délibéré dans une assemblée du bureau ordinaire ou dans une assemblée générale.

« Conformément à l'art. 16 de l'édit du mois d'avril 1695, les marguilliers seront tenus d'exécuter ponctuellement, en ce qui les concerne, les ordonnances rendues par le supérieur ecclésiastique ou ses vi-

« caires généraux, touchant l'exécution des fondations, la fourniture des livres, vases sacrés, linges et ornements nécessaires à la célébration du service divin et la réduction des bancs. »

Le Concile provincial tenu à Tolède en 1582, par les 6e, 7e, 8e et 9e décrets de la 3e session, réserve expressément à l'Évêque le droit de régler les dépenses des Fabriques. (V. *Dictionn. des Conciles édité* par M. *Migne*, t. 2, col. 1000.)

Ces diverses règles sont encore aujourd'hui les principales dispositions du budget des Fabriques.

On peut voir les règlements des Fabriques :

1o De Saint-Jean en Grève de Paris (1737), art. 20 et 21 ;

2o De Saint-Louis de Versailles (1747), art. 18 et 19 ;

3o De Saint-Louis en l'Isle de Paris (1749), art. 20 et 21 ;

4o De Saint-Donatien d'Orléans (1783), art. 22 ;

5o Du diocèse de Reims (1785), art. 43, 44 et 65 ;

6o Des diocèses de Poitiers et de Tours (1786), art. 42, 43 et 64 ;

7o Du diocèse d'Angers (1786), art. 43, 44 et 65.

Ces règlements eux-mêmes ne faisaient que reproduire des règlements plus anciens, qui, primitivemen

des fabriques, 1° pour compléter les recouvrements et les payements propres à l'exercice qui vient de finir, 2° pour préparer et réunir tous les éléments du compte annuel à rendre.

4. ÉPOQUE DE LA FORMATION DU BUDGÉT. — Le budget de chaque exercice doit toujours être formé et réglé dans l'année qui précède l'exercice auquel il s'applique : le bureau en dresse le projet dans sa séance du 1er dimanche de mars ; le conseil le discute et le vote dans sa session de *Quasimodo ;* le budget ainsi voté est ensuite soumis à l'approbation de l'autorité diocésaine, qui le règle et le renvoie au bureau des marguilliers chargé d'en procurer l'exécution.

Les budgets des communes sont votés par les conseils municipaux dans leur session du mois de mai.

Le règlement a déterminé, pour la formation du budget de la Fabrique, une époque antérieure à celle du vote du budget communal, afin que si la Fabrique se trouve dans le cas de faire à la commune la demande d'un secours , son budget puisse être réglé par l'Évêque, renvoyé à la Fabrique et transmis au conseil municipal avant la discussion et le vote du budget communal.

5. ÉTAT DES PROPOSITIONS DE M. LE CURÉ. — M. le Curé doit présenter au bureau un état des dépenses nécessaires à l'exercice du culte, tant pour les objets de consommation que pour réparation et entretien d'ornements, meubles et ustensiles d'église. (*Règl., art. 45.*)

Par entretien il faut entendre les achats pour le remplacement des objets détruits et le renouvellement des objets hors de service. Ainsi l'état des propositions de M. le Curé doit comprendre toutes les dépenses concernant le mobilier de l'église et de la sacristie.

Cet état, renfermé dans les limites tracées par l'article 45 du règlement, prend le nom d'*État des dépenses intérieures de la célébration du culte* (*Règl., art. 45 et 47*). Il est soumis à l'examen du bureau au plus tard le premier dimanche de mars , époque à laquelle le bureau dresse son projet de budget.

En présentant l'état de ses propositions, M. le Curé doit fournir tous les renseignements propres à les justifier. Le chiffre des dépenses pour les objets de consommation se justifie par les comptes des exercices antérieurs : celui des dépenses pour réparations et achats d'objets mobiliers se justifie ordinairement par la notoriété des prix ou par des devis ou mémoires des marchands et des artisans.

Après avoir examiné article par article et approuvé l'état des propositions de M. le Curé, le bureau en porte le résultat , en un seul article, sous la désignation de *dépenses intérieures de la célébration du culte,* dans son projet de budget général, auquel l'état lui-même reste annexé, afin d'être communiqué au conseil et d'être mis sous les yeux de l'autorité diocésaine , lorsqu'il s'agira de régler le budget (*Règl., art. 45 et 47*). Le Curé est le seul membre de la Fabrique à même de bien connaître tous les besoins de l'église, en ce qui concerne la célébration du culte ; c'est donc avec raison que le règlement lui attribue le droit de faire à cet égard ses propositions,

émanés de l'autorité ecclésiastique seule et soumis quelquefois par elle à l'homologation des parlements (a) pour devenir exécutoires par les moyens civils de contrainte, ont passé, avec des modifications plus ou moins importantes, dans le décret règlementaire du 30 décembre 1809, publié par l'autorité civile. Ce règlement qui, dès le principe, a soulevé de vives réclamations de la part du cardinal Fesch lui-même, alors archevêque de Lyon, est aujourd'hui consacré parmi nous, dans la plupart de ses dispositions, par l'usage qu'en ont fait NN. SS. les Évêques de France, en l'appliquant aux Fabriques de leurs diocèses. S'il renferme des dispositions qui ne pouvaient légitimement émaner que de l'autorité ecclésiastique, il en contient aussi quelques autres qui ne pouvaient régulièrement émaner que du pouvoir civil. L'espèce de sanction qu'il a ainsi reçu de l'épiscopat en a fait une sorte de règlement ecclésiastique qui a un caractère de concordat entre les deux puissances ; et c'est à ce titre que nous l'admettons comme base de cette instruction. Nous en disons autant des autres actes de même nature que nous aurons occasion de citer dans le cours de cet ouvrage.

(a) Voir : 1° le règlement donné par Mgr. Louis-Gaston Fleuriau, Évêque d'Orléans, à la fabrique de St.-Paterne d'Orléans, le 15 décembre 1720 et homologué par arrêt du parlement le 13 août 1721 ; 2° le règlement donné par Mgr. l'Évêque d'Orléans à la Fabrique de Romorantin le 9 juin 1724 et homologué par arrêt du parlement le 16 avril 1725.

ur lesquels le bureau et le conseil sont obligés de délibérer, et que l'autorité diocésaine pourra onsulter au moment de régler la dépense de l'église (2).

6. Projet de budget. — Le bureau des marguilliers est chargé de rédiger, dans sa séance u premier dimanche de mars, un projet de budget, et de le soumettre ensuite à l'examen du onseil dans la session de *Quasimodo*. Les marguilliers, et notamment le Curé et le trésorier, oivent donc prévoir à l'avance les ressources et les besoins de l'exercice, et préparer les éléments ustificatifs du projet de budget général, de manière que le conseil ait sous les yeux tous les enseignements nécessaires pour régler les recettes présumées de la Fabrique, et établir ses ropositions de dépenses.

7. Forme du budget. — Le règlement sur les Fabriques ne contient, au sujet de la forme à donner au budget, que les dispositions les plus essentielles. Les Archevêques et Evêques étant hargés de surveiller et de diriger l'administration des Fabriques, et notamment leur comptaoilité, c'est à eux qu'il appartient de suppléer à cet égard aux détails dans lesquels le règlement ne pouvait entrer. C'est donc à eux de déterminer, chacun dans leur diocèse, la forme à donner ant aux comptes, qui doivent leur être présentés dans leurs tournées de visite, qu'aux budgets, qu'ils sont chargés de régler (3).

Voici les dispositions principales à donner à la forme du budget.

Le budget se divise en deux titres, l'un des recettes et l'autre des dépenses.

Le titre des recettes est subdivisé en deux chapitres, l'un des recettes ordinaires et l'autre des recettes extraordinaires.

Par recettes ordinaires, il faut entendre celles qui sont de nature à se reproduire tous les ans. On distingue celles dont la quotité est fixe de celles dont la quotité est variable : les recettes provenant des rentes et des biens-fonds loués ou affermés doivent être rangées parmi les premières; et celles provenant des quêtes, des oblations, des droits casuels, parmi les secondes.

Par recettes extraordinaires, il faut entendre celles qui ne sont pas de nature à se reproduire tous les ans, comme sont : des remboursements de créances, des dons et legs, un secours temporaire fourni par la commune, un don manuel dont la valeur excéderait notablement celle d'une oblation ordinaire; mais il est rare que l'on puisse prévoir ces sortes de recettes au moment où l'on forme le budget d'un exercice.

Ce que nous venons de dire de la division des recettes en ordinaires et extraordinaires, et de celle des recettes ordinaires en fixes et variables, s'applique également aux dépenses. Seulement

---

(2) Les anciens règlements reconnaissent au Curé le droit d'ordonner ou de faire de son chef les dépenses *accoutumées* pour le service de l'église (art. 18 des règlements dressés en 1785 et 1786 pour les diocèses de Reims, Tours, Poitiers et Angers). Ces dépenses ordinaires étaient inscrites sans discussion dans l'état des revenus et des charges qui constituait ce que nous appelons aujourd'hui budget. C'est sans doute pour se rapprocher de cette disposition que l'auteur du règlement de 1809 reconnaît au Curé le droit de dresser l'état de ses propositions relativement aux dépenses de la célébration du culte et de les communiquer au bureau, qui, après l'avoir examiné article par article, porte ces dépenses en bloc dans le projet de budget général sous la désignation de *dépenses intérieures de la célébration du culte*. Si d'une part le droit du Curé à cet égard est moins absolu qu'autrefois, de l'autre il est plus étendu, puisqu'il s'applique, non plus seulement aux dépenses *ordinaires* de la célébration du culte, mais encore aux

acquisitions extraordinaires pour l'entretien du mobilier de l'église.

(3) C'est d'ailleurs ce que reconnaît une décision ministérielle du 29 avril 1811, ainsi conçue : « C'est à « l'Évêque et non au préfet qu'il appartient d'ordon- « ner la formation des budgets annuels des Fabriques. « Cette charge regarde l'Évêque comme étant plus « particulièrement intéressé aux opérations des Fa- « briques C'est l'Évêque qui dirige dans son diocèse « l'exercice du culte, qui veille à ce que les églises « soient pourvues du nécessaire, qui apprécie la « nécessité des dépenses diocésaines, diminue ou « augmente les budgets, vérifie les comptes, veille à « ce que les marguilliers fassent jouir les églises de « leurs revenus, à ce que, dans le cas d'insuffisance « du revenu des Fabriques, le recours vers les « communes puisse être utilement exercé. *C'est donc* « *l'Évêque qui doit transmettre les instructions, règlements,* « *modèles et budgets.* » (Vuillefroy, *Traité de l'adm. du culte catholique*, p. 362.)

nous ferons remarquer que les dépenses pour achats d'ornements et mobilier d'église, qui, sous certains rapports, pourraient être considérées comme des dépenses extraordinaires, doivent être portées au budget parmi les dépenses ordinaires, comme étant dépense annuelle d'entretien, puisqu'il n'y a pas d'année qu'il ne faille faire quelques achats de cette nature.

Il y a d'ailleurs une autre raison d'en agir ainsi : c'est que ces dépenses font partie de celles qui sont comprises dans l'état des propositions de M. le Curé; or, aux termes des articles 45, 46 et 47 du règlement, les dépenses comprises dans cet état doivent être portées *en bloc* dans le projet du budget général sous la désignation unique de dépenses intérieures de la célébration du culte et passer avant toutes les autres (4).

Le modèle de budget que nous proposons plus loin nous dispense d'expliquer ici plus au long la forme et la disposition qu'il convient d'adopter.

8. OBSERVATIONS SUR LA RÉDACTION DU BUDGET. — 1° On doit prévoir au budget les ressources et les besoins de l'exercice de manière à n'omettre, autant que possible, aucun article ni de recette ni de dépense. Une rédaction défectueuse laisserait subsister les nombreux inconvénients que l'on a voulu prévenir par l'établissement des budgets.

2° Les recettes et dépenses ordinaires variables ne peuvent être évaluées qu'approximative-ment ; les recettes et dépenses ordinaires fixes doivent l'être exactement.

On parvient à une évaluation aussi juste que possible des recettes et des dépenses ordinaires variables, en se reportant aux comptes des années antérieures, qui sont les guides les plus sûrs ; mais pour que ces comptes puissent servir aisément à cet usage, il est nécessaire de leur donner une forme en tout semblable à celle du budget ; c'est l'objet que l'on s'est proposé dans les modèles de compte et de budget donnés dans la troisième partie, p. 47 et 61.

Quant aux dépenses extraordinaires, elles seront difficilement évaluées comme il convient, si l'on ne se procure des devis détaillés et dressés, par un marchand pour les acquisitions, et par un homme de l'art pour les travaux.

En réglant les évaluations du budget, il faut avoir soin de ne pas dissimuler les ressources, et de ne pas exagérer les besoins : cette précaution est surtout nécessaire, lorsqu'il s'agit de faire au conseil municipal une demande de subvention, qu'il serait sans cela difficile de justifier et de soutenir. Les Fabriques doivent au contraire s'attacher à ne faire aux conseils municipaux que des demandes bien fondées et bien motivées, afin de n'en pas compromettre le succès.

3° Les articles de dépenses extraordinaires pour acquisitions et pour travaux, doivent être détaillés de manière à présenter toutes les données nécessaires pour la vérification des prix. Comme ces détails ne peuvent le plus souvent entrer dans le budget, on y supplée par les devis qui ont servi à établir les évaluations. Dans ce cas, ces devis sont relatés, soit dans les articles qui en font l'objet, soit dans la colonne des observations de la Fabrique, et, après avoir été revêtus du visa approbatif du conseil, sont joints au budget, auquel ils doivent être annexés.

4° Chaque article du budget doit porter un numéro particulier, et les numéros former, pour chacun des deux titres des recettes et des dépenses, une seule série sans aucune interruption de nombre.

5° Chaque observation doit également porter en tête le numéro de l'article auquel elle s'applique. Cette précaution est nécessaire, parce qu'il est rare que l'on puisse mettre une observation sur la même ligne que l'article qui en fait l'objet.

(4) L'instruction ministérielle du 14 avril 1812 range parmi les dépenses ordinaires des Fabriques, le traitement des vicaires, les suppléments de trai-tement pour les curés et desservants, leur indem-nité de logement ou le loyer du presbytère, le cas échéant.

6° Dans le vote du budget par le Conseil, le montant des recettes et celui des dépenses doivent être écrits en toutes lettres, puis en chiffres.

Les notes qui accompagnent le modèle du budget nous dispenseront d'entrer ici dans un plus long détail sur la rédaction du budget.

9. DISCUSSION ET VOTE DU BUDGET PAR LE CONSEIL. — Le projet de budget, dressé par le bureau, est soumis à la délibération du conseil dans sa session de *Quasimodo*, qui peut être prorogée jusqu'au dimanche suivant, si besoin est. Le conseil discute chacun des articles séparément : il peut modifier les évaluations, ajouter certains articles et en supprimer d'autres ; il consigne dans une colonne destinée à cet effet les observations qu'il croit nécessaires.

Les résolutions sont prises à la majorité des voix : mais les membres de la minorité sont fondés à demander que leur avis soit relaté dans la colonne des observations du conseil, ou dans le procès-verbal de la séance, afin que l'autorité diocésaine puisse y avoir tel égard que de droit lorsqu'elle réglera le budget.

10. APPROBATION ET RÈGLEMENT DU BUDGET PAR L'ÉVÊQUE. — Le budget voté par le conseil est envoyé en double minute, avec l'état des dépenses de la célébration du culte, à l'Évêque diocésain pour avoir sur le tout son approbation (*Règl.*, *art.* 47). Au budget, il faut joindre 1° les devis pour achats et travaux, s'il en a été dressé ; 2° une expédition du procès-verbal de la séance où le budget a été voté ; 3° une expédition du compte du dernier exercice.

Le règlement de l'autorité diocésaine porte plus sur les dépenses que sur les recettes : la plupart des recettes de Fabrique, provenant ou de droits casuels ou d'offrandes toutes volontaires, ne sont pas, comme celles d'une commune, assujetties à une autorisation préalable, ni susceptibles d'une évaluation rigoureuse ; elles figurent au budget, moins pour être autorisées et fixées par l'Évêque, que pour le mettre à même de régler plus convenablement les dépenses ; mais elles peuvent devenir, de la part du Prélat, le sujet d'observations et même de décisions, qui doivent trouver leur place dans une colonne qui leur soit destinée.

Il n'en est pas de même des dépenses : elles doivent être expressément autorisées et fixées à l'avance, sauf, en cas de besoin, à faire apporter à ces décisions quelques modifications ultérieures par des autorisations particulières, soumises aux mêmes formalités que le budget lui-même. Sans le règlement des dépenses par l'Évêque, elles seraient, pour les Fabriques, la plupart facultatives ; et il pourrait arriver, ou qu'une administration parcimonieuse ne pourvût pas dignement aux besoins du culte, ou que l'imprévoyance épuisât en peu de temps les ressources ménagées à la Fabrique par la piété des fidèles. Le contrôle de l'Évêque, dont le règlement est obligatoire pour la Fabrique, préserve de ces deux écueils. En cela, l'Évêque, qui est l'Administrateur-né des biens ecclésiastiques de son diocèse, intervient avec son double caractère de protecteur des biens des églises, et de juge des besoins du culte : comme protecteur des biens des églises, il peut diminuer les dépenses qui lui semblent excessives et supprimer celles qui lui paraissent inutiles ; comme juge des besoins du culte, il peut augmenter les dépenses qu'il prévoit être insuffisantes, et imposer celles qu'il croit nécessaires. Sous ce dernier rapport, les décisions de l'autorité diocésaine ne sont pas seulement obligatoires pour les administrateurs de la Fabrique, elles le sont encore pour les paroissiens, qui, en cas d'insuffisance des revenus de la Fabrique, doivent pourvoir à la dépense, soit au moyen d'allocation sur la caisse municipale, soit au moyen de cotisations volontaires remises aux administrateurs de la Fabrique (5).

---

(5) C'est ce qu'avait reconnu l'édit d'avril 1695, dont art. 16 porte : « Les Archevêques et Évêques pourvoiront à ce que les églises soient fournies de livres, croix, calices, ornements et autres choses nécessaires pour la célébration du service divin. » *Enjoignons aux marguilliers, fabriciens desdites églises, d'exécuter ponctuellement les ordonnances desdits Archevêques et Évêques et à nos juges d'y tenir la main.* » On peut voir ce qui est dit de l'entretien des édifices paroissiaux dans les art. 21 et 22 de cet édit.

Si les revenus de la Fabrique sont suffisants pour couvrir les dépenses portées au budget ainsi réglé par l'autorité diocésaine, il peut, sans autre formalité, recevoir sa pleine et entière exécution (*Régl.*, art. 48). Une des minutes du budget est conservée dans les archives de l'évêché pour qu'on puisse y recourir au besoin ; l'autre, après avoir été revêtue de l'approbation de l'autorité diocésaine, est renvoyée au bureau des marguilliers, qui est chargé d'en procurer l'exécution. Le bureau fait faire deux expéditions du budget approuvé, l'une pour son président remplissant les fonctions d'ordonnateur des payements, et l'autre pour le trésorier.

Dans le cas de recours à la commune, il est fait une nouvelle expédition du budget pour être, avec les autres pièces de la demande, adressée au conseil municipal par l'entremise de l'autorité diocésaine et de M. le Préfet.

11. Crédits. — On nomme *crédit* la somme allouée par l'autorité diocésaine pour une dépense. C'est en ce sens que l'on dit qu'il est alloué, ouvert au budget un crédit de cent francs pour tel objet de dépense.

On nomme *crédits supplémentaires* les crédits alloués par décisions spéciales de l'Évêque en dehors du budget. Ces décisions ou autorisations spéciales doivent être considérées comme des budgets supplémentaires, et sont assujetties aux mêmes formalités que le budget lui-même ; elles sont accordées par l'Évêque sur la proposition du Curé ou du bureau, et sur l'avis préalable du conseil. Expédition de ces autorisations supplémentaires est remise tant à l'ordonnateur des payements qu'au trésorier.

Les crédits supplémentaires alloués en dehors du budget ont pour objet ou une dépense déjà inscrite au budget, mais avec un crédit insuffisant, ou une dépense non inscrite au budget : dans le premier cas, le crédit supplémentaire se rattache à l'article du budget dont il est le complément ; dans le second cas, le crédit se rattache à l'article du budget intitulé : *dépenses imprévues*. De cette manière, il n'y a jamais sujet de changer, tant dans le compte que dans le livre des comptes ouverts, ni l'ordre ni le nombre des articles du budget. C'est la principale raison qui nous fait mettre cet article dans le chapitre des dépenses extraordinaires, bien qu'il convienne de voter et d'allouer tous les ans une certaine somme à titre de *dépenses imprévues*. Les crédits supplémentaires alloués en dehors du budget pour achat d'objets mobiliers d'église non déjà inscrits au budget se rattachent toujours à l'article VII de l'état des dépenses intérieures de la célébration du culte sous la désignation d'*achats divers*.

12. Communication du budget au conseil municipal en cas de recours a la commune. — Si les revenus de la fabrique sont insuffisants pour couvrir les dépenses portées au budget, la commune doit être appelée à y suppléer, en vertu des articles 49 et 92 du règlement, et dans les formes déterminées par les articles 93 et suivants.

La marche à suivre pour ces recours à la commune, diffère selon la nature des dépenses auxquelles il faut pourvoir.

S'il s'agit de dépenses comprises dans les trois premiers numéros de l'article 37 du règlement, le conseil de Fabrique portera ces dépenses dans son budget et prendra une délibération dans laquelle, constatant l'insuffisance des revenus de la fabrique pour pourvoir à la dépense réglée par l'autorité diocésaine, il demandera que la commune y supplée en accordant à la Fabrique un secours, dont il déterminera la quotité. Si au contraire il s'agit de recourir à la commune pour des réparations à faire aux édifices paroissiaux, la Fabrique pourra s'abstenir de porter la dépense dans son budget général, autrement que pour mémoire (6) et en faire l'objet

---

(6) Nous conseillons de ne point porter dans le budget de la Fabrique, les réparations auxquelles la commune doit pourvoir, ou de ne les y mentionner que pour mémoire, et d'en faire l'objet d'une de-

'une délibération particulière (7), dans laquelle elle constatera la nécessité de ces réparations
t demandera (8) que la commune y pourvoie de la manière déterminée par l'article 95 du
èglement. Cette différence est fondée sur ce que les subventions communales affectées à la dépense
ntérieure de l'église, doivent être versées dans la caisse de la Fabrique, et être employées par
a Fabrique même, à laquelle l'article 1er du règlement attribue nommément l'administration des
ommes supplémentaires fournies par la commune pour l'exercice du culte ; tandis qu'au con-
raire les subventions communales affectées aux réparations des édifices paroissiaux, lorsque la
Fabrique n'y contribue pas pour une partie, sont directement employées (9) par l'autorité
municipale chargée, par l'article 95 du règlement, de procéder elle-même à l'adjudication des
ravaux tels qu'ils ont été préalablement arrêtés par un devis dressé sous la direction de la
Fabrique représentée par un des marguilliers et celle du conseil municipal représenté par un de
es membres.

Dans le premier cas, l'intervention du conseil municipal consiste dans l'avis qu'il est appelé
émettre sur le secours réclamé par la Fabrique, et dans la surveillance qu'il a le droit d'exercer
ur le bon emploi des fonds communaux mis à la disposition de la Fabrique.

Dans le second cas, l'intervention du conseil de Fabrique consiste à provoquer les travaux, à
iriger la rédaction du devis et à veiller à la bonne confection des ouvrages. C'est ainsi que le
èglement a fait du concours obligé de ces deux administrations le régulateur des droits et des
ttributions de chacune.

Pour l'un et l'autre de ces deux recours, expéditions de la délibération, du budget réglé par
Évêque et du dernier compte rendu (10) sont, à la diligence et par les soins du président du
ureau ou du trésorier (*Règl.*, *art.* 24, 43 et 94), transmises, par l'intermédiaire de l'Évêché,
à M. le Préfet, avec prière de vouloir bien donner à la demande de la Fabrique la suite voulue
ar les articles 92 et suivants du règlement. M. le Préfet adresse les pièces au maire pour
tre communiquées au conseil municipal dans la session de mai, où se vote le budget communal.

Le conseil municipal, après avoir délibéré sur la demande de la Fabrique, porte au budget
e la commune l'allocation qu'il juge devoir voter.

Si le conseil municipal est d'avis de demander la réduction de quelques dépenses dont il conteste
oit la nécessité, soit la quotité, sa délibération doit contenir les motifs de la réduction proposée
t être adressée au Préfet, qui l'envoie à l'Évêque ; celui-ci, après avoir fait un nouvel examen
u budget de la Fabrique, pesé les raisons produites par le conseil municipal, et, s'il le faut,
emandé les observations de la Fabrique, statue en maintenant ou en modifiant le règlement du

ande particulière, afin que l'approbation du budget
t celle des demandes pour acquisitions d'ornements
t autres dépenses intérieures de l'église ne soient
as entravées par les lenteurs, les difficultés et les
ontestations auxquelles donnent souvent lieu les ré-
arations à faire aux édifices. Cette marche est d'ail-
eurs indiquée par les art. 43 et 94 du Règlement.

(7) Cette délibération est assujétie aux mêmes formalités que le budget lui-même, puisqu'elle n'en est
n quelque sorte qu'une dépendance : elle doit donc
tre soumise à l'approbation de l'Évêque, auquel les
rojet, plan et devis doivent également et pour la
ême raison être communiqués.

(8) Nous conseillons à la Fabrique de produire à
ppui de sa demande, un rapport détaillé sur l'état
es lieux et dressé par les hommes de l'art qui au-
ont assisté le bureau dans la visite prescrite par
art. 41 du Règlement. Cette visite peut être faite avec
e simples ouvriers, lorsqu'il ne s'agit que de menues
éparations ; mais il faut y appeler un architecte ou
tout au moins un entrepreneur de bâtiments, s'il
s'agit de réparations importantes et de vices de con-
struction auxquels il faille remédier.

(9) Les subventions communales affectées aux acquisitions, reconstructions et réparations des bâtiments des établissements charitables, aussi bien que
celles qui sont affectées à leurs dépenses ordinaires,
sont versées dans la caisse de ces établissements, qui
en font eux-mêmes l'emploi à la charge d'en compter
dans les formes prescrites par les règlements propres
à ces établissements. Il devrait en être de même pour
les Fabriques à l'égard des subventions communales
affectées aux acquisitions, reconstructions et réparations des édifices paroissiaux. C'est d'ailleurs ce qui
devrait se pratiquer à l'égard des secours accordés par
l'État pour le même objet, car l'art. 100 du Règlement
de 1809 attribue ces secours, non aux communes,
mais aux *paroisses*, que les Fabriques représentent.

(10) Au budget de 1853 dressé en 1852, par exemple,
sera annexé le compte de 1851, rendu en 1852.

budget. Cette décision de l'autorité diocésaine, hors le cas de recours au métropolitain, est définitive et devient obligatoire pour la Fabrique et pour la paroisse ; elle n'est, en aucun cas, susceptible d'être réformée par l'autorité civile, qui ne peut être juge des besoins du culte (11) ; elle rend même obligatoire pour la commune et pour l'administration municipale le secours à la Fabrique, lorsque l'insuffisance des revenus de cette dernière, pour pourvoir aux dépenses ainsi réglées par l'Évêque, est régulièrement constatée.

13. SECOURS DÛ PAR LA COMMUNE. — La commune doit à la Fabrique deux sortes de secours, l'un *annuel*, lorsque les revenus de la Fabrique ne suffisent pas pour acquitter ses charges ordinaires ; l'autre *temporaire*, lorsqu'il s'agit de suppléer à l'insuffisance des revenus de la Fabrique pour des dépenses extraordinaires.

Au nombre de ses charges ordinaires, la Fabrique doit comprendre les acquisitions à faire pour l'entretien et le renouvellement des vases sacrés, linge, ornements, meubles et ustensiles d'église, comme nous l'avons dit plus haut et que le recommande d'ailleurs une circulaire ministérielle du 26 mars 1812 (12).

Lorsque ce supplément annuel a été reconnu nécessaire par délibération du conseil municipal, et par arrêté de M. le Préfet, il doit être porté chaque année au budget de la Fabrique et au budget de la commune, jusqu'à ce que les revenus de la Fabrique se soient améliorés ; mais si ce supplément annuel n'a pas encore été autorisé, le conseil de Fabrique, avant de le faire figurer dans son budget, doit, par une demande motivée, provoquer à ce sujet, de la part du conseil municipal, une délibération spéciale soumise à l'approbation de M. le Préfet. La décision intervenue sera chaque année rappelée au budget dans la colonne des observations de la Fabrique.

Aux termes des instructions ministérielles de septembre 1824, du 15 décembre 1826 et d'avril 1834, ces suppléments annuels fournis par les communes sont ordonnancés et versés par douzième, de mois en mois, dans la caisse de la Fabrique sur la simple quittance du trésorier ; mais il est d'usage, dans la plupart des mairies, de ne délivrer les mandats de payement que tous les trois mois, au commencement ou à la fin de chaque trimestre. Cet usage peut être maintenu, si la Fabrique le préfère.

Ce supplément annuel, en mettant la Fabrique à même de pourvoir à ses dépenses ordinaires, a l'avantage de rendre plus rare le recours à la commune, et d'éviter bien des discussions fâcheuses entre deux administrations dont la bonne harmonie ne contribue pas peu à maintenir dans une paroisse le bon ordre et la paix.

14. ATTRIBUTIONS RESPECTIVES DE L'AUTORITÉ ECCLÉSIASTIQUE ET DE L'AUTORITÉ CIVILE RELATIVEMENT AUX SUBVENTIONS COMMUNALES DUES AUX FABRIQUES. — Nous avons vu dans le § 12 que l'autorité ecclésiastique statue définitivement sur les besoins du culte, et que sa décision n'est pas susceptible d'être réformée par l'autorité civile ; celle-ci peut, sur cette matière, faire des observations et exprimer un avis, mais elle doit en laisser le jugement à l'autorité ecclésiastique, qui seule prononce (*Règl.*, *art.* 96).

---

(11) Il y a, entre les art. 96 et 97 du Règlement, cette différence essentielle et trop peu remarquée, que le premier concerne les besoins du culte et que le second concerne uniquement la nécessité d'une subvention communale pour y pourvoir. On ne pourrait les interpréter autrement sans subordonner l'autorité ecclésiastique au pouvoir civil dans une matière où elle est incontestablement seule compétente et par conséquent souveraine.

(12) Il est bon que la Fabrique consacre chaque année à ces acquisitions une certaine somme, qui varie selon la convenance et les besoins des lieux (Règl., art. 37), et peut s'élever de 100 à 300 francs dans les églises de la campagne, et de 400 à 1000 francs dans les églises des villes, selon l'importance de la paroisse ; sans cela, l'église ne tarde pas à éprouver des besoins toujours croissants, et manque bientôt des objets les plus essentiels, non-seulement pour la dignité du culte, mais même pour le maintien de son exercice. Telle est la base d'après laquelle on peut déterminer la quotité du supplément annuel à demander à la commune et que l'art. 36 du Règlement met au rang des *revenus* de la Fabrique.

Il en est autrement de la nécessité du secours dû par la commune ; c'est un point sur lequel l'autorité diocésaine est admise à faire ses observations, à émettre son avis et à formuler ses propositions, mais l'autorité civile s'en est réservé la décision (*Règl., art.* 93 et 97).

L'action réciproque des deux autorités peut s'exercer sans qu'il en résulte aucun conflit réel, pour peu que de part et d'autre elles soient attentives à se renfermer dans le cercle de leurs attributions respectives, puisqu'elles n'interviennent pas au même titre dans la même question et qu'elles statuent chacune dans une question différente. En effet, comme les dépenses réglées pour le culte peuvent être nécessaires sans que le secours de la commune le soit pour y pourvoir, il s'en suit que la décision de l'autorité ecclésiastique sur les besoins du culte laisse entière celle de l'autorité civile sur la nécessité du secours de la commune pour y subvenir ; et réciproquement que cette dernière décision ne peut en aucun cas infirmer la première ; en sorte que si l'autorité civile ne juge pas devoir allouer soit en tout, soit en partie, le secours réclamé de la commune, parce que l'insuffisance des revenus de la Fabrique n'est pas justifiée, la décision épiscopale sur les dépenses du culte, n'en reste ni moins entière ni moins obligatoire pour la Fabrique, et subsidiairement pour les paroissiens, à l'égard desquels l'autorité diocésaine peut toujours user des moyens canoniques ordinaires pour obtenir d'eux l'exécution de ses ordonnances, lorsqu'il n'y est pas pourvu par les administrations civiles.

Lorsque les dépenses du culte ont été définitivement réglées par l'autorité ecclésiastique dans la forme déterminée par l'article 96 du règlement, elles deviennent obligatoires pour la commune et pour l'administration municipale *en cas d'insuffisance des revenus de la Fabrique*, seule justification que celle-ci ait à produire (*Règl., art.* 43, 49 et 92). Cette insuffisance des revenus de la Fabrique est l'unique point à débattre entre les deux autorités ecclésiastique et civile ; elle se constate dans les formes prescrites par les articles 93 et 97 du règlement. Si sur ce point l'Évêque et le Préfet sont de même avis, celui-ci alloue à la Fabrique la subvention communale réclamée ; si au contraire ils sont d'avis différents, il en est référé, soit par l'un, soit par l'autre, au ministre des cultes pour être, sur son rapport, statué en conseil d'État ce qu'il appartiendra.

Puisque la subvention communale est due en cas d'insuffisance des revenus de la Fabrique, le refus de la part de l'autorité civile d'allouer en tout ou en partie la subvention réclamée ne peut être motivé que sur ce que cette insuffisance n'est pas justifiée, soit parce que la Fabrique aurait dissimulé ses revenus, soit parce qu'elle ne tirerait pas tout le parti possible de ceux que la loi met à sa disposition : ainsi la Fabrique qui négligerait de louer les places de l'église ou de percevoir les droits casuels autorisés, s'exposerait à se voir justement privée de tout secours de la part de la commune ; mais en aucun cas le refus de subvention ne doit être motivé sur ce que l'autorité civile jugerait peu utiles ou peu nécessaires les dépenses du culte définitivement réglées par l'autorité ecclésiastique. Ce refus ne pourrait pas d'avantage être motivé sur le défaut de ressources de la commune, puisque la loi donne à celle-ci les moyens de s'en créer au besoin. Néanmoins, dans le cas où il serait reconnu que les habitants d'une paroisse sont dans l'impuissance de fournir aux réparations, même par levée extraordinaire, on se pourvoira devant les ministres de l'intérieur et des cultes, sur le rapport desquels il sera fourni à cette paroisse tel secours qui sera par eux déterminé, et qui sera pris sur le fonds commun établi par la loi du 5 septembre 1807, relative au budget de l'État (*Règl., art.* 100) (13).

---

(13) Souvent messieurs les préfets, sur la proposition des Conseils municipaux, allouent dans les budgets communaux des fonds pour entretien des édifices paroissiaux ou à titre de secours aux Fabriques ; mais souvent aussi il arrive que ces allocations, ignorées de l'autorité diocésaine et des Conseils de Fabrique, sont détournées de l'emploi auquel elles ont destinées. Pour obvier à ces abus, non moins contraires aux règles d'une bonne administration que préjudiciables aux intérêts temporels des paroisses, il faudrait que le préfet informât l'Évêque de ces sortes d'allocations, comme cela se pratique en certains diocèses ; l'Évêque à son tour en informerait les Fabriques, qui veilleraient à ce que les fonds ainsi alloués reçussent l'emploi qui leur est assigné.

CHAPITRE II.

Recouvrement des revenus et payement des dépenses.

15. Recouvrements. — Le trésorier est seul chargé de toute la recette ordinaire et extraordinaire, en argent et en nature, à effectuer pour le compte de la Fabrique. (*Règl., art.* 25.) Il est tenu de faire toutes les diligences nécessaires pour assurer et opérer le recouvrement des revenus ; de faire faire, contre les débiteurs en retard, les exploits, significations, poursuites et commandements ; d'avertir le bureau de l'échéance des baux ; d'empêcher les prescriptions ; de veiller à la conservation des domaines, droits, priviléges et hypothèques ; de requérir à cet effet l'inscription au bureau des hypothèques de tous les titres qui en sont susceptibles ; de se faire délivrer, au besoin, une expédition en forme de tous les contrats, titres, baux, jugements et autres actes concernant les biens dont il a à percevoir les produits. (*Règl., art.* 78.)

Pour remplir cette partie de ses obligations le trésorier doit avoir : 1° une analyse des titres de la Fabrique, 2° un état de ses revenus fixes, 3° une copie du tarif de ses droits casuels.

Dans la perception des sommes dues à la Fabrique, le trésorier n'est pas, comme le receveur municipal, restreint par la nécessité d'une autorisation préalable ; il n'a à cet égard d'autres limites à observer que celles des droits réels de la Fabrique.

Les poursuites que le trésorier doit exercer contre les débiteurs en retard ont deux degrés ; les unes, telles que sommations, commandements par ministère d'huissier, saisie-execution, etc., peuvent être exercées sans autorisation du conseil de préfecture, parce qu'elles sont des actes extra-judiciaires ; les autres devant, comme actions judiciaires, être portées devant les tribunaux, ne peuvent être exercées au nom de la Fabrique qu'en vertu d'une délibération du conseil de Fabrique et avec l'autorisation du conseil de préfecture. (*Règl., art.* 77, 78 et 79.)

Si le maire refusait d'ordonnancer le payement de la subvention communale allouée à la Fabrique, le trésorier en référerait au Préfet, qui prononcerait en conseil de préfecture. L'arrêté du Préfet tiendrait lieu du mandat du maire. (Art. 61 de la loi du 18 juillet 1837.)—Le receveur municipal ne peut *refuser* le payement des mandats que dans les cas suivants : 1° lorsque la somme ordonnancée ne porte pas sur un crédit ouvert ou excède ce crédit ; 2° lorsque les pièces produites sont insuffisantes ou irrégulières ; 3° lorsqu'il y a opposition dûment signifiée entre les mains du comptable contre le payement réclamé ; 4° lorsque les mandats sont présentés après l'époque fixée pour la clôture de l'exercice. —Il ne peut *retarder* le payement qu'à défaut de fonds dans sa caisse. —Tout *refus*, tout *retard* de payement doit être motivé dans une déclaration immédiatement délivrée au porteur du mandat, lequel peut se pourvoir auprès du maire ou de l'autorité supérieure. Tout receveur qui aurait indûment refusé ou retardé un payement régulier ou qui n'aurait pas délivré au porteur du mandat la déclaration motivée de ce refus ou de ce retard, est responsable des dommages-intérêts qui pourraient en résulter, et encourt, en outre, selon la gravité des cas, la perte de son emploi. (Ordonnance du 23 avril 1823, art. 4, ordonnance du 31 mai 1838, art. 472.)

16. Dépenses. — Aucune dépense ne doit être faite pour le compte de la Fabrique qu'elle n'ait été préalablement autorisée par l'Évêque. Cependant si la Fabrique se trouvait dans la nécessité de faire une dépense *urgente* avant d'avoir pu la faire autoriser, ce qui est très-rare, nous croyons que les fabriciens pourraient la faire sous leur responsabilité, à la charge de justifier l'urgence et de faire régulariser la dépense par une approbation ultérieure. Le président du bureau et le trésorier ne pourraient, sans engager leur responsabilité personnelle, le premier élivrer le mandat de payement et le second acquitter la dépense avant l'accomplissement de cette ernière formalité (14).

17. MARCHÉS. — Le bureau des marguilliers, chargé de l'exécution du budget, pourvoit à utes les dépenses autorisées. Tous les marchés sont arrêtés par lui et signés par son président, nsi que les mandats de payement. (*Règl.*, *art.* 24, 27 et 28.)

Les marchés arrêtés par le bureau doivent mentionner l'approbation du conseil dans le cas où le est requise.

Cette approbation est requise pour tous les marchés concernant une dépense *extraordinaire* xcédant 50 francs dans les paroisses au-dessous de mille âmes et 100 francs dans celles d'une us grande population. (*Règl.*, *art.* 12 et 42.).

L'Évêque peut, en vertu de l'article 47 du règlement, se réserver l'autorisation définive des archés, s'il le juge nécessaire. Une décision ministérielle du 10 mars 1812, rapportée par uillefroy dans son *Traité de l'administration temporelle du culte catholique*, page 308, recon-aît en outre que l'approbation de l'Évêque suffit pour les marchés consentis par les Fabriques our grosses réparations, lorsque la Fabrique a des fonds suffisants pour les couvrir. Ce n'est 'ailleurs qu'une conséquence des articles 47 et 48 du règlement.

18. COMMANDES DES DÉPENSES. — La commande pour la fourniture des *objets mobiliers* est ite par le trésorier à la charge de se renfermer dans la limite des crédits alloués par l'au-rité diocésaine et de se conformer aux marchés préalablement arrêtés par le bureau ; le trésorier e peut donc pas employer à son gré d'autres marchands ou artisans que ceux qui sont choisis ar le bureau, comme l'ont sagement établi d'ailleurs tous les anciens règlements, qui portent ue les marguilliers en exercice de comptables ne pourront employer au service de l'église que s marchands et ouvriers ordinaires, à moins que, par délibération du bureau, ils n'eussent été utorisés à les changer.

Dans le cas où le bureau n'aurait pas jugé à propos de pourvoir à la fourniture de certains enus objets par un marché préalable, il serait censé s'être reposé sur le trésorier du soin de se s procurer au prix marchand.

Aucune fourniture d'objet mobilier ne peut donc être faite pour le compte de la Fabrique par n marchand ou artisan sans une commande du trésorier, au pied de laquelle la personne chargée e recevoir la livraison, certifie que l'objet de la commande a été rempli. (*Règl.*, *art.* 35.) e certificat de réception pourrait également être apposé au bas de la facture ou du mémoire. i la livraison a été faite au trésorier lui-même, son certificat de réception dispense de produire a commande par écrit.

Dans tous les cas, le *visa approbatif* apposé par le trésorier à la suite d'une facture ou d'un émoire supplée suffisamment sa commande et le certificat de réception (15).

---

(14) Quelques auteurs exceptent de la nécessité de utorisation épiscopale les dépenses concernant les parations à faire aux édifices, lorsqu'elles ne s'élè-ent pas à plus de 100 francs dans les communes ou aroisses au-dessous de 1000 âmes, et de 200 francs ans celles d'une plus grande population.
On sent à quoi se réduirait, dans la plupart des pa-isses, l'approbation du budget par l'autorité diocé-ine, si les Fabriques avaient la faculté de faire, sans utorisation de l'Évêque, toutes les dépenses de cette ature.
Cette opinion repose sur une fausse interprétation es art. 41 et 42 du Règlement, lesquels affranchis-ent les dépenses dont il s'agit, non de l'autorisation épiscopale, mais seulement des formalités longues et dispendieuses des devis, affiches et adjudications, aux-quelles sont assujéties les dépenses plus considéra-bles. C'est un défaut de rédaction dans l'art. 42 qui a donné lieu à cette erreur. Pour rendre cet article in-telligible et en rétablir le véritable sens, il faut, dans son paragraphe premier, faire suivre le mot *ordonner* des mots *par économie*. C'est un point d'ailleurs re-connu par la jurisprudence du ministère des cultes ; comme on peut le voir dans le *Traité de l'administra-tion du culte catholique*, par Vuillefroy, p. 307 et 308.

(15) Les anciens règlements avaient organisé d'une manière plus parfaite encore, ce qui concerne les com-mandes, les fournitures et leur payement. Il y avait

La commande des *travaux* pour réparation aux édifices est faite par le bureau ou par celui de ses membres qu'il en charge. Il doit être pourvu à ces travaux sans préjudice des dépenses réglées par le culte et dans la limite des crédits préalablement alloués par l'autorité diocésaine.

Le bureau pourvoit sur-le-champ et par *économie*, c'est-à-dire sans devis, affiches, ni adjudication, aux réparations qui n'excèdent pas 50 francs dans les paroisses au-dessous de mille âmes et 100 francs dans celles d'une plus grande population. (*Règl., art.* 41.)

Si les réparations excèdent cette quotité, le bureau est tenu d'en référer au conseil, qui pourra autoriser le bureau à les faire exécuter par *économie*, si elles ne s'élèvent pas à plus de 100 francs dans les paroisses au-dessous de mille âmes et de 200 francs dans celles d'une plus grande population. Si les réparations excèdent cette quotité, le conseil ne pourra les autoriser qu'en chargeant le bureau de faire dresser un devis estimatif et de procéder à l'adjudication au rabais ou par soumission après trois affiches renouvelées de huitaine en huitaine. (*Règl., art.* 42.)

Mais que la dépense ait été commandée par le trésorier en vertu de l'article 35; ou par le bureau en vertu des articles 41 et 42, dans l'un comme dans l'autre cas, le payement ne peut être fait que par le trésorier sur le mandat de l'ordonnateur, comme nous allons le voir.

19. ORDONNANCEMENT DES PAYEMENTS. — Régulièrement aucun payement ne peut être fait par le trésorier qu'après avoir été ordonnancé ou mandaté par le président du bureau en vertu d'une décision du bureau lui-même. (*Règl., art.* 28.) Cette formalité est applicable à tous les cas où il s'agit d'acquitter une dépense de la Fabrique, soit en exécution de marchés arrêtés par le bureau, soit par suite de fournitures faites sans marché préalable sur la simple commande du trésorier.

C'est la conséquence d'un principe depuis longtemps consacré en matière de comptabilité et successivement appliqué aux établissements publics et en particulier aux Fabriques. Ce principe consiste en ce qu'aucune dépense, bien qu'autorisée et régulièrement effectuée, ne doit être payée des deniers et pour le compte de la Fabrique sans que le payement en ait été préalablement mandaté par un *ordonnateur*, dont les fonctions sont incompatibles avec celles de *payeur*. Les fonctions d'ordonnateur des payements sont remplies, sous la direction du bureau, par son président et celles de payeur par le trésorier.

Le président du bureau doit, pour l'ordonnancement des payements, se régler sur ce qui est arrêté à cet égard par le bureau tous les mois ou au moins tous les trimestres. C'est ce qui résulte de la combinaison des articles 22, 27, 28, 34 et 53 du règlement.

Il ne faut pas confondre le *mandat de payement*, dont parle l'article 28 du règlement, avec celui dont parle l'article 35. Celui-ci n'est autre chose que la *commande* par écrit faite par le trésorier au marchand ou artisan, de fournir et livrer au porteur quelques articles de dépense pour le compte de la Fabrique, et au bas de laquelle la personne apte à recevoir la livraison, certifie que l'objet de la commande est rempli.

deux marguilliers en charge : le plus ancien en fonction, sous le nom de *receveur fabricien*, n'était chargé que des recouvrements et des payements, tandis que l'autre, sous le nom de *procureur fabricien*, était seul chargé de procurer les objets nécessaires à l'église et à la sacristie, et par conséquent d'en faire les commandes (art. 16 des Règlements des diocèses de Reims, Tours, Poitiers et Angers); nos trésoriers actuels cumulent ces fonctions, et voilà sans doute pourquoi, aujourd'hui encore, dans les campagnes surtout, on les appelle plus généralement *receveurs fabriciens* et *procureurs fabriciens*, dénomination qui leur convient mieux que celle de trésorier. Dans le langage ecclésiastique, le mot *trésorier* s'applique moins à un simple receveur, comme celui des Fabriques, qu'au dignitaire auquel est confié la garde des objets précieux d'une église conservés dans un lieu nommé *trésor*. Dans tous les cas, le nom de trésorier convient peu au marguillier auquel on le donne; car ce comptable n'est pas, à proprement parler, le caissier de la Fabrique. Le véritable caissier de la Fabrique est un être collectif : c'est le bureau lui-même ou tout au moins les trois dépositaires des clefs de la caisse. C'est encore là une disposition heureuse et tout à fait propre aux établissements ecclésiastiques.

20. Liquidation. — Avant de mandater un payement, l'ordonnateur (16) doit s'assurer 1° que
l dépense est autorisée; 2° que les droits du créancier de la Fabrique sont certains.

Le payement des dépenses du personnel se mandate ordinairement sans exiger la production
d'aucune pièce justificative, par la raison que les droits des officiers et autres employés de
l'église, résultant d'un service public, sont le plus souvent suffisamment connus de l'ordonnateur
et dans tous les cas faciles à constater.

Si cependant l'ordonnateur ne connaissait pas exactement les droits des employés de l'église,
soit par suite de mutation dont il ignorerait l'époque, soit parce qu'il y aurait des retenues à
faire en certains cas, comme pour cause d'absence ou de négligence, il devrait exiger un certificat
de M. le Curé, constatant les droits de ces employés.

Le payement des dépenses relatives aux acquisitions et réparations d'objets mobiliers se mandate
sur le vu : 1° du marché arrêté par le bureau, si la dépense a fait l'objet d'un marché ; 2° de
la commande du trésorier; 3° de la facture ou mémoire du marchand ou artisan ; 4° du certificat
de réception des objets fournis ou réparés. (*Règl.*, *art.* 35.) Toutefois le seul *visa approbatif*
apposé par le trésorier au bas d'une facture ou d'un mémoire supplée suffisamment sa commande et le certificat de réception.

Le payement des dépenses concernant les travaux exécutés *par économie* se mandate sur le
vu du mémoire de l'ouvrier réglé par celui que le bureau a chargé de la surveillance et de la
direction des travaux.

Si les travaux ont été l'objet d'un devis et d'une adjudication, le payement se mandate sur le
vu du devis, du procès-verbal d'adjudication et du procès-verbal de réception des travaux (17).

21. Mandat de payement. — On nomme mandat de payement ou simplement *mandat* l'ordre écrit donné par l'ordonnateur au trésorier de payer une certaine somme à la personne qui y
est dénommée. Ce mandat devient *quittance* pour le trésorier par l'acquit apposé au bas par
le créancier au profit duquel il a été délivré.

Le mandat de payement doit indiquer 1° le nom et la qualité ou profession du créancier
de la fabrique au profit duquel il est délivré ; 2° la somme à payer écrite en toutes lettres;
3° l'objet de la dépense; 4° l'exercice auquel il se rapporte; 5° l'article du budget auquel il
s'applique.

On pourrait ne délivrer qu'un mandat collectif pour tous les employés de l'église en l'appuyant
d'un état détaillé d'émargemen , dont on trouvera le modèle, p. 37.

Comme nous l'avons déjà dit : les crédits supplémentaires alloués en dehors du bubget ont
pour objet ou une dépense déjà inscrite au budget, mais avec un crédit insuffisant, ou une
dépense non inscrite au budget : dans le premier cas le crédit supplémentaire se rattache à l'article du budget dont il est le complément; dans le second cas le crédit se rattache soit à l'article
des *dépenses imprévues*, soit à celui des *achats divers*, comme il est dit page 10.

(16) Le véritable ordonnateur des payements, surtout
en ce qui concerne la liquidation préalable de la dette,
est le bureau lui-même , dont son président ne fait
qu'exécuter la décision.

(17) C'est ce qu'ont déterminé avec soin les anciens
règlements, qui sont sur ce point plus explicites encore
et plus détaillés que celui de 1809. Ils portent:« Lorsque
« les réparations excéderont la somme de 100 livres
« pour les paroisses des villes, et celle de 50 livres
« pour les paroisses des campagnes, elles ne pourront
« être publiées qu'en vertu d'une délibération précé-
« dente et sans un devis des ouvrages qui contiendra
« la qualité des réparations, les principales condi-
« tions et le temps de la livraison, sur quoi seront
« faites les publications et l'adjudication; sur le vu
« de laquelle délibération, du devis et de la quittance
« de l'adjudicataire, les sommes payées seront allouées
« dans le compte des marguilliers, visite et réception
« des ouvrages préalablement faites par experts nom-
« més à cet effet par le bureau ordinaire; et à l'égard
« de ceux qui auraient été faits sans publication ni
« adjudication au rabais, le prix en sera payé suivant
« l'estimation qui en sera faite par un seul expert,
« dont les parties conviendront pour obvier à frais,
« sinon qui sera nommé d'office, nonobstant toutes
« délibérations à ce contraires. » (*Règlements* des diocèses de Tours et de Poitiers, art. 58; *Règlements* des
diocèses de Reims et d'Angers, art. 59).

Les mandats sont délivrés au profit soit du créancier direct de la Fabrique, soit du tiers qui aurait fait les avances sur une autorisation régulière. Pour que le mandat puisse être délivré au profit d'un tiers, il faut que celui-ci joigne aux pièces ci-dessus indiquées la quittance du créancier direct de la Fabrique.

Quand le créancier est étranger à la localité, il peut éprouver quelque embarras pour se procurer le mandat, en obtenir le payement et y apposer son acquit. Tout embarras disparaît quand on se rappelle que l'acquit mis au bas du mandat peut être remplacé par l'acquit mis au bas de la facture ou du mémoire et qu'en tous cas, le mandat peut être délivré au nom soit du créancier direct de la Fabrique, soit du tiers qui aurait fait les avances. Dans le mandat, à défaut de la signature au bas du *pour acquit*, on la remplacera par ces mots : Voir la *quittance* N°   , ou la *facture quittancée* N°   , ou le *mémoire quittancé* N°   , ou l'*état d'émargement*.

Dans le cas où l'ordonnateur se refuserait à mandater le payement d'une dépense régulièrement effectuée, il pourrait en être référé à l'Évêque, qui statuerait. Si l'Évêque décide que le payement aura lieu, sa décision suppléera au besoin le mandat de l'ordonnateur.

22. Payement. — Aucune dépense, même autorisée et régulièrement effectuée, ne doit être acquittée *des deniers et pour le compte de la Fabrique*, avant que le payement en ait été mandaté par l'ordonnateur. Les payements faits par le trésorier sans cette formalité, ne sont considérés que comme des avances personnelles, dont le remboursement sur les *deniers de la Fabrique* ne peut avoir lieu qu'après l'accomplissement des formalités omises.

A chaque payement le trésorier réclamera donc du créancier de la Fabrique un mandat appuyé de toutes les pièces justificatives exigées par l'ordonnateur. Le trésorier conserve ce mandat quittancé par le créancier avec les autres pièces produites à l'appui, afin de pouvoir, lors de la reddition de son compte, justifier du payement et de sa régularité.

23. Pièces justificatives soumises a la formalité du timbre. — Aux termes de l'article 12 de la loi du 13 brumaire an VII, les actes publics et sous seing-privé devant ou pouvant faire titre, ou être produits pour obligation ou décharge, sont assujettis au timbre, sauf les exceptions autorisées.

Le trésorier veillera donc à ce que les soumissions, marchés, factures, mémoires et quittances produits à l'appui de ses payements soient sur papier timbré.

Sont exemptés du droit et de la formalité du timbre : 1° les quittances des traitements qui ne dépassent pas 300 francs; 2° toutes autres quittances qui n'excèdent pas 10 francs, à moins qu'il ne s'agisse d'un à-compte ou d'une quittance finale sur une somme excédant 10 francs.

Lorsqu'une quittance est assujettie à la formalité du timbre, le trésorier exige ordinairement que les fournisseurs et ouvriers apposent leur acquit au bas de leurs factures et mémoires écrits sur papier timbré. Dans ce dernier cas, l'acquit placé au bas du mandat n'est plus qu'une quittance d'ordre exempte de la formalité du timbre.

Si le mandat est délivré pour remboursement d'une dépense au tiers qui en a fait les avances, il suffit que les factures et mémoires *quittancés* par le créancier direct de la Fabrique soient sur papier timbré.

CHAPITRE III.

Tenue des Écritures.

24. Registres du trésorier. — Le trésorier doit tenir : 1° un *journal* des recettes et des dépenses; 2° un *livre des comptes ouverts*; 3° un registre de *quittances à souches*. Les deux

emiers peuvent être remplacés par un *journal grand-livre,* qui les réunit en les simplifiant, comme nous le verrons ci-après.

25. JOURNAL. — Le trésorier doit avoir un registre-journal, coté et paraphé, et y inscrire, jour par jour et par ordre de date, les recettes et payements au fur et à mesure qu'il les opère.

La tenue de ce registre est très-importante pour la Fabrique, qui y retrouve tous les éléments de la comptabilité de son trésorier : mais sa conservation ne l'est pas moins pour les paroissiens en particulier comme pour la paroisse en général, qui peuvent, après de longues années, y puiser des preuves des payements faits à la Fabrique par ses débiteurs ou par elle à ses créanciers.

Cette double considération suffira pour déterminer le trésorier à apporter le plus grand soin à la tenue de son journal.

L'inscription doit indiquer la date de la recette ou du payement et contenir le montant des sommes écrites en toutes lettres dans le corps de l'article, et reportées en chiffres dans la colonne qui leur est destinée.

Chaque article du journal doit porter un numéro particulier. Si les recettes et les dépenses étaient inscrites ensemble, les numéros des articles devraient former une seule série, sans aucune interruption de nombre dans tout le cours de l'exercice. Si les recettes et les dépenses sont inscrites séparément, comme nous le proposons, les numéros devront former une série non interrompue pour chacun des deux titres de recettes et de dépenses.

Il faut aussi rappeler en marge le numéro que porte au budget l'article auquel se rattache la recette ou le payement inscrits.

Les pièces justificatives des dépenses doivent être numérotées, et chaque article de dépense du journal, rappeler le numéro des pièces justificatives. Si un même article de dépense est justifié par plusieurs pièces, il faut donner à ces pièces le même numéro.

Il convient de donner aux pièces justificatives le numéro même du mandat auquel elles se rapportent ; et quand plusieurs pièces se rapportent au même mandat, de les distinguer entre elles par les lettres de l'alphabet ou tout autre signe équivalent.

Le journal du trésorier tenu comme il vient d'être dit, lui offre à tout instant un moyen facile de vérifier sa caisse particulière et ses écritures ; il lui suffit de faire le total de ses recettes et celui de ses dépenses et d'en établir la différence. En comparant ce résultat avec la somme qu'il a entre les mains, le trésorier s'aperçoit sur-le-champ si des erreurs ou omissions se sont glissées dans la tenue de ses écritures et s'il s'est introduit quelques désordres dans sa comptabilité.

26. LIVRE DES COMPTES OUVERTS. — Outre son journal, le trésorier doit tenir un livre des comptes ouverts divisé en autant de chapitres ou de colonnes que le budget présente d'articles, de manière que chaque article du budget ait son compte à part. Au moyen de ce registre auxiliaire, tous les détails de la comptabilité, qui sont inscrits dans le journal par ordre de date, se trouvent classés dans le même ordre qu'au budget, ce qui permet d'en reproduire avec la plus grande facilité le *sommaire* dans le compte annuel sous une forme en tout semblable à celle du budget.

Ce registre n'est pas seulement nécessaire au trésorier pour classer ses recettes et ses dépenses dans le même ordre qu'au budget et lui faciliter l'établissement de son compte annuel ; il lui sert encore et surtout pour pouvoir vérifier, à tout instant, ce qu'il a déjà perçu et ce qui lui reste à percevoir sur chaque article de recette, ce qu'il a déjà payé et ce qui lui reste à payer sur chaque article de dépense. Il serait très-difficile à un trésorier d'avoir sans ce registre une comptabilité bien en ordre.

Le livre des comptes ouverts n'étant qu'un registre auxiliaire destiné seulement à faciliter au trésorier ses opérations, n'a pas besoin, comme le journal, d'être coté ni paraphé.

Le trésorier dispose son livre des comptes ouverts au commencement de chaque année, d'après le budget de l'exercice.

Nous avons déjà dit que le livre des comptes doit contenir autant de chapitres ou de colonnes que le budget renferme d'articles. Chaque chapitre ou chaque colonne porte le même numéro que l'article correspondant du budget. De cette manière le numéro du budget rappelé à chaque article du journal, fait connaître quel est le chapitre ou la colonne du livre des comptes dans lequel il faut que l'article du journal soit reporté.

Si le livre des comptes n'est pas réuni au journal, comme nous le proposons dans le journal-grand-livre dont il sera parlé plus tard, l'inscription d'un article du journal dans le livre des comptes devra rappeler le numéro sous lequel cet article est inscrit au journal, afin de pouvoir se reporter, au besoin, d'un registre à l'autre. L'inscription des articles de dépense doit de plus rappeler le numéro des mandats et autres pièces justificatives, afin de simplifier les recherches et de faciliter les vérifications.

L'inscription de chaque recouvrement et de chaque payement doit être faite en même temps dans les deux registres.

27. Observation importante sur l'inscription des recouvrements et payements faits pendant les deux premiers mois de chaque année. — Dans les mois de janvier et de février de chaque année, le trésorier peut avoir à faire des recouvrements et des payements dont les uns soient propres à l'année qui vient de s'écouler, et dont les autres appartiennent à l'année courante. Pour ne pas les confondre, le trésorier doit, le 1ᵉʳ janvier, ouvrir dans son journal et dans son livre des comptes, les écritures de l'année qui commence, sans clore pour cela celles de l'année qui finit : il laissera donc un blanc suffisant pour inscrire les recouvrements et les payements propres à l'exercice écoulé, qu'il prévoit pouvoir faire jusqu'à la clôture définitive, qui a lieu le dernier jour de février. Pendant ces deux premiers mois, le trésorier doit distinguer avec soin à laquelle de l'année écoulée ou de l'année courante appartiennent les recouvrements et les payements qu'il fait, afin de les inscrire chacun en son lieu ; mais à partir du 1ᵉʳ mars, les recouvrements et les payements qui auraient rapport à l'exercice clos sont appliqués à l'exercice courant à titre d'*arrérages* ou de *dettes* des exercices antérieurs.

28. Journal-grand-livre. — Pour faciliter au trésorier la tenue de son journal et de son livre des comptes ouverts, nous proposons, pages 54, 55, 56 et 57, le modèle d'un *journal-grand-livre*, qui peut les remplacer avantageusement ; mais afin d'y parvenir il a fallu séparer les recettes des dépenses, et diminuer, autant que possible, le nombre des articles du budget. On n'aurait pu adopter une autre disposition sans être obligé de donner au journal-grand-livre une dimension incommode (18).

Nous verrons plus loin que l'ordonnateur des payements doit avoir aussi son journal et son livre des comptes, l'un et l'autre disposés comme ceux du trésorier, excepté qu'ils ne comprennent que les dépenses.

---

(18) L'usage de ce registre suppose que l'on a eu soin dans le budget de renfermer toutes les recettes et toutes les dépenses dans un nombre d'articles qui n'excède pas celui des colonnes qui leur sont consacrées dans le livre des comptes. Ces limites sont imposées par la nécessité de s'arrêter, pour le journal-grand-livre, à un format qui ne pourrait être dépassé sans devenir gênant ; mais il est très-peu de budgets de fabrique qui ne puissent facilement entrer dans ce cadre. On verra par le modèle de budget que nous proposons dans la *comptabilité figurée,* notamment en ce qui concerne l'acquit des fondations, comment on peut réunir plusieurs articles de même nature en un seul, sans nuire en rien aux détails, que l'on réserve pour la colonne des observations.

La disposition donnée au journal-grand-livre de l'ordonnateur et à celui du trésorier aura le uadruple avantage : 1° d'épargner à la Fabrique les deux expéditions du budget dont l'ordonateur et le trésorier devraient sans cela être munis; 2° d'éviter à l'un et à l'autre la peine de e reporter à tout instant au budget, dont l'extrait placé en tête de chaque page de leur registre t mis ainsi continuellement sous leurs yeux, est bien plus facile à consulter; 3° d'abréger les critures en réduisant la tenue du livre des comptes au simple transport du chiffre de la recette u de la dépense dans une des colonnes de la page à droite; 4° enfin d'offrir aux Fabriques un vre des comptes tout imprimé et tout tracé.

On remarquera que, dans le journal-grand-livre, la page à gauche est consacrée au *journa:* t la page à droite, au *livre des comptes* (19).

Nous ferons observer au sujet de l'enregistrement des dépenses intérieures de la célébration u culte que ces dépenses se reportent deux fois dans le livre des comptes, d'abord dans une des ept colonnes marquées d'un chiffre romain, et ensuite dans la première des colonnes marquées 'un chiffre arabe.

Ce double rapport pourrait s'indiquer dans la seconde colonne de la page à gauche par deux hiffres, l'un romain et l'autre arabe. Mais comme le chiffre arabe est toujours 1, on peut sans iconvénient le supprimer, puisque le chiffre romain le suppose toujours.

On ne pourrait ménager des colonnes pour chacune des subdivisions de l'article vii de l'état des épenses intérieures de la célébration du culte; mais il sera facile d'y suppléer en faisant cette épartition sur un petit état à part, disposé comme dans la première page du compte, avec ette seule différence que la colonne des dépenses payées doit être assez large pour que les diveres sommes successivement payées pour le même numéro puissent y être écrites et ensuite totaisées sur une même ligne horizontale ou sur plusieurs lignes verticales. (Voyez p. 51.)

On verra, page 53, art. 24 et 38, p. 57, art. 21 et 34, la manière d'indiquer les emprunts aits à l'article des *dépenses imprévues* en faveur d'une dépense autorisée au budget, mais avec n crédit insuffisant, et page 54, art. 14, 20, 22, 30, 32, 36 et 38, comment on peut abréger le ournal au moyen de registres ou états auxiliaires.

La disposition donnée à ce registre rend la tenue du livre des comptes tellement simple et ellement facile que le trésorier le moins exercé n'aura pas de peine à s'en servir, et son utilité era, au besoin, la justification des détails dans lesquels nous avons cru devoir entrer à son sujet.

29. Registre de quittances a souche. — Nous conseillons aux Fabriques de se procurer un egistre de quittances à souche pour les reçus que le trésorier doit délivrer, et d'assujettir ce comptable à ne faire aucune recette sans en donner reçu sur une de ces quittances.

---

(19) Quelques exemples feront connaître la manière de s'en servir et les avantages de la disposition qui lui a été donnée : 1o s'agit-il, par exemple, d'inscrire le payement d'une dépense autorisée à titre de frais d'*administration et de bureau*? Cherchant dans la page à droite la colonne consacrée à cette nature de dépense, on trouve en tête de cette colonne l'allocation du budget et le numéro sous lequel elle y figure, ce numéro étant le même que celui de la colonne; ces données suffisent et dispensent de consulter le budget. Le numéro de la colonne et par conséquent celui du budget étant supposé 8, par exemple, on écrit ce chiffre dans la seconde colonne de la page à gauche. Ce chiffre fait connaître tout à la fois : 1o le numéro du budget; 2o celui du compte annuel sous lequel la dépense devra y figurer; 3o celui du livre des comptes, ou, ce qui est la même chose, la colonne de la page à droite où le chiffre de la dépense doit être reporté; le reste de l'enregistrement ne présente aucune difficulté. 2o Veut-on savoir à une époque quelconque de l'année quels sont les payements effectués sur un article de dépense, tel que le traitement du chantre? On parcourt la colonne de la page à droite destinée à ce genre de dépense, et, suivant vers la gauche chacune des lignes horizontales sur lesquelles les sommes payées sont écrites, on trouve dans le journal tous les détails de l'enregistrement. 3o Veut-on connaître le montant des payements effectués sur une dépense autorisée et savoir ce que le crédit alloué peut encore laisser de disponible? Il suffit d'additionner dans la page à droite les nombres portés dans la colonne affectée à cette nature de dépense et de comparer le total avec la somme allouée, laquelle est indiquée en tête de la colonne. On opère de même à l'égard des recettes. Nous pourrions multiplier ces applications, mais la pratique les fera facilement connaître.

La quittance se détache de la souche, qui reste comme preuve de la recette et comme moye
de contrôler le journal tenu par le trésorier pour l'inscription de ses recettes. Si la quittanc
doit être sur papier timbré, la quittance détachée du registre n'est plus qu'une quittance d'ordr
délivrée par *duplicata* et exempte de la formalité du timbre. Dans le cas où le débiteur qu
s'acquitte ne veut pas faire la dépense du papier timbré, le reçu s'inscrit à l'ordinaire sur l
souche, mais la quittance y reste adhérente en tout ou au moins en partie.

30. REGISTRES DE L'ORDONNATEUR DES PAYEMENTS. — Le président du bureau remplissant le
fonctions d'ordonnateur des payements, doit tenir pour la délivrance des mandats : 1° un journal
2° un livre des comptes ouverts, 3° un registre de mandats à souche.

Le journal et le livre des comptes de l'ordonnateur se disposent comme ceux du trésorier
excepté qu'ils ne comprennent que les dépenses. Ils peuvent être avantageusement remplacé
par le journal-grand-livre dont nous parlons au § 28, p. 20.

31. REGISTRE DE MANDATS A SOUCHE. — Nous conseillons aux Fabriques l'usage d'un registr
de mandats à souche pour les mandats de payement que l'ordonnateur doit délivrer. L
mandat se détache de la souche, qui reste comme preuve de la délivrance des mandats e
comme moyen de contrôler le journal tenu par l'ordonnateur pour l'inscription des mandats qu'
délivre.

32. LIVRE DE CAISSE. — Il doit être tenu et conservé dans la caisse à trois clés, un registr
sous le nom de *livre de caisse*, dans lequel le bureau des marguilliers inscrit, par ordre de dates
les sommes versées dans la caisse de la Fabrique et celles qui en sont extraites.

C'est au bureau à enregistrer ainsi les versements et retraits de fonds, parce que c'est lui qu
est le véritable caissier de la Fabrique.

33. REGISTRES OU ÉTATS AUXILIAIRES. — Indépendamment de ces registres, les comptable
tiennent ordinairement des registres ou états *auxiliaires* de détails, tels que ceux de la perceptio
du prix des places, du produit des quêtes, du produit des droits casuels, etc.

Ces registres ou états auxiliaires s'arrêtent ou tous les mois, ou tous les trimestres, et le tota
s'en reporte alors en un seul article dans le registre principal, dont ils sont une dépendance
Quand ils sont remplis, ils doivent être déposés avec les autres pièces comptables, dans la caiss
à trois clés, parce que leur conservation n'est pas moins nécessaire que celle du registre principal
dont ils sont les annexes.

Les modèles que nous donnons ci-après nous dispensent d'entrer ici dans plus de détails à
cet égard.

CHAPITRE IV.

Reddition des comptes.

34. BORDEREAU TRIMESTRIEL DES RECOUVREMENTS ET PAYEMENTS. — Au commencement de chaque
trimestre, c'est-à-dire le premier dimanche des mois de janvier, avril, juillet et octobre, le trésorie
présente au bureau des marguilliers un bordereau, signé de lui et certifié véritable, de la situation
active et passive de la Fabrique pendant les trois mois précédents ; ces bordereaux, signés de
ceux qui ont assisté à la séance, sont déposés dans la caisse ou armoire à trois clés pour être
représentés lors de la reddition du compte annuel (*Règl.*, *art.* 34). Par situation active et
passive de la Fabrique, il faut entendre l'état des recettes et des dépenses opérées par le trésorier

pour le compte de la Fabrique, comme on le voit par les anciens règlements auxquels l'article précité a été emprunté presque textuellement (20).

Ces bordereaux peuvent être détaillés ou sommaires. S'ils sont détaillés, ils sont la copie textuelle du journal du trésorier et dispensent celui-ci de communiquer son journal au bureau ; si, au contraire, le trésorier présente son bordereau sous forme sommaire, il doit produire à l'appui la copie de son journal, parce que le bureau a le droit de connaître à chaque trimestre, non-seulement le montant de la recette et celui de la dépense, mais encore quels sont les débiteurs qui se sont acquittés et les créanciers qui ont été payés.

Le trésorier arrête son journal des recettes et des dépenses le dernier jour de chaque trimestre ; tandis que le bureau ne se réunit ordinairement que le dimanche d'après pour prendre connaissance de la situation des recouvrements et des payements pendant le dernier trimestre et régler la dépense du trimestre suivant. Il peut donc y avoir entre ces deux opérations un intervalle de sept jours. Le bureau, dans son calcul, doit prendre les choses en l'état où elles étaient à la clôture du trimestre, sans faire entrer en compte les recouvrements et payements que le trésorier pourrait avoir faits dans l'intervalle écoulé entre la clôture du trimestre et la réunion du bureau.

Au lieu de dresser ces bordereaux trimestriels sur des feuilles détachées, il est mieux de les dresser sur un registre particulier tenu en double : un exemplaire reste entre les mains du trésorier et est représenté au bureau toutes les fois qu'il en est besoin ; l'autre est conservé dans la caisse ou armoire de la Fabrique, conformément aux dispositions de l'article 34 du règlement.

Il est bon de réunir à ces bordereaux de situation, comme nous le proposons dans les modèles, le règlement des dépenses dont nous allons parler, et celui des sommes à extraire de la caisse ou à y verser chaque trimestre, en exécution de l'article 53 du règlement.

35. RÈGLEMENT DE LA DÉPENSE DU TRIMESTRE COURANT. — Dans la même séance, c'est-à-dire, dans celle où le trésorier communique le bordereau de situation des recouvrements et des payements opérés pendant le dernier trimestre, le bureau détermine la somme nécessaire pour les dépenses du trimestre courant (21) (*Règl.*, *art.* 34). Si le trésorier n'a pas dans les mains la somme fixée à chaque trimestre par le bureau pour le payement de ces dépenses, ce qui manque est extrait de la caisse ; comme aussi ce qu'il se trouverait avoir d'excédant est versé dans cette

---

(20) Cette disposition y est ainsi conçue : « Sera « tenu ledit marguillier de présenter tous les trois « mois, à l'assemblée dudit bureau ordinaire, un « bordereau signé de lui et certifié véritable, de la » *recette* et *dépense* pendant les trois mois précédents, « à l'effet de connaître *la situation actuelle* tant de ses « *recouvrements que de l'acquittement des charges par lui* « *fait*; et seront lesdits bordereaux signés de tous « ceux qui auront assisté à ladite assemblée et dé- « posés dans le coffre ou armoire de la Fabrique, pour « être représentés lors de la reddition du compte « dudit marguillier. » (Art. 44 des Règlements des diocèses de Tours et de Poitiers, et art. 45 des Règlements des diocèses de Reims et d'Angers.)

(21) Le bordereau des recettes et des dépenses présenté chaque trimestre par le trésorier au bureau et le règlement dressé en même temps par le bureau pour les dépenses à faire pendant le trimestre courant sont, comme on le voit, une sorte de compte rendu et de budget dressé à chaque trimestre.

Des vérifications si fréquentes, la surveillance journalière du bureau et notamment celle du Curé, sous les yeux duquel, pour ainsi dire, tout s'opère ; les sages et prudentes combinaisons qui font du trésorier, non un caissier, mais un simple agent du bureau des marguilliers pour les recouvrements et les payements, qu'il effectue sous leur direction et leur contrôle immédiats ; la disposition qui subordonne les marchés et la délivrance des mandats de payement à la décision du bureau, de manière à ne laisser aucune place à l'arbitraire : tout cela fait de la comptabilité des Fabriques une des plus habilement organisées qui existent ; et si on y ajoutait une modification très-facile à réaliser, réclamée par le système de la caisse à trois clefs et qui consiste à séparer les fonctions de *receveur* d'avec celles de *procureur* ou de payeur, en les faisant remplir soit par deux personnes différentes, soit par une seule personne qui les exercerait simultanément, mais sans les confondre, *en versant intégralement les recettes dans la caisse et en n'acquittant les dépenses qu'avec l'argent extrait de la caisse*, la comptabilité des Fabriques, qui présente déjà, mieux que toute autre, toutes les garanties d'une bonne et fidèle gestion, recevrait de cette légère modification un caractère de simplicité et de perfectionnement qu'aucune comptabilité civile ne possède au même degré. Ces règles, propres aux établissements ecclésiastiques, sont d'ailleurs éprouvées par une longue expérience ; car, elles sont en usage depuis plus de 200 ans dans la plupart des instituts religieux, qui offrent en tout de si parfaits modèles de gouvernement.

caisse. Il suit de là que le trésorier ne doit ordinairement avoir à sa disposition que les fonds nécessaires pour le service du trimestre. Nulle somme ne peut être extraite de la caisse sans autorisation du bureau et sans un *récépissé* qui y soit déposé (*Règl., art.* 52 et 53).

Nous proposons d'inscrire, au bas du bordereau trimestriel des recouvrements et payements présenté par le trésorier : 1° le règlement de la dépense du trimestre courant; 2° la somme extraite de la caisse pour y faire face, ou versée dans cette caisse comme inutile au trésorier pour la dépense de ce trimestre.

36. Compte annuel. — Le trésorier doit, chaque année, rendre le compte général de ses recettes et de ses dépenses pendant le cours de l'exercice précédent.

Ce compte se forme de deux éléments bien différents, qu'il importe de ne pas confondre. Il comprend : 1° les recouvrements et les payements faits par le trésorier pour le compte de la Fabrique; 2° les sommes extraites de la caisse de la Fabrique pour être remises au trésorier et les sommes versées par lui dans cette caisse.

Les recettes et dépenses de la première classe sont des recettes et des dépenses pour la Fabrique comme pour le trésorier, tandis que les sommes que celui-ci reçoit de la caisse, et celles qu'il y verse, sont des recettes et des dépenses pour lui, mais n'en sont pas pour la Fabrique, car elles constituent pour celle-ci de simples virements de fonds, qui n'augmentent ni ne diminuent son avoir. On voit par là qu'elle idée fausse, ou tout au moins confuse, on se ferait des recettes et des dépenses réelles de la Fabrique, si on les confondait dans un même compte avec ces virements de fonds, dont cependant le trésorier doit rendre compte aussi bien que des recouvrements et des payements qu'il a opérés pour la Fabrique. De là la nécessité de distinguer et d'établir séparément le compte de la Fabrique et celui du trésorier.

Comme les recouvrements et les payements faits dans le cours d'un exercice par le trésorier pour la Fabrique forment un élément commun au compte de la Fabrique et au compte particulier du trésorier, nous proposons d'en faire un compte à part sous le nom de *compte de l'exercice*, auquel il suffira d'ajouter les sommes que le trésorier a reçues de la caisse et celles qu'il y a versées pour avoir le compte particulier du trésorier. De la sorte, le compte de la Fabrique est dégagé d'un élément qui lui est étranger, et représente plus fidèlement et plus clairement les recettes et les dépenses réelles de la Fabrique dans le cours de l'exercice. Un autre avantage de cette disposition c'est de permettre, entre le compte d'exercice et le budget, la correspondance parfaite qu'il est si essentiel d'établir entre eux, et qu'on ne pourrait réaliser sans cela.

37. Compte de l'exercice. — Le compte de l'exercice comprend les recouvrements et les payements faits dans le cours d'un exercice par le trésorier pour la Fabrique.

Le règlement accorde au trésorier deux mois après la fin de l'exercice pour en compléter les recouvrements et les payements, et préparer les éléments du compte annuel à en rendre.

Avant de dresser ce compte, le trésorier doit s'assurer que tous les articles de son journal ont été exactement inscrits ou reportés dans le livre des comptes ouverts, et que chaque article des dépenses payées est justifié par des pièces régulières. Il fait ensuite le total de chaque chapitre ou colonne du livre des comptes, et de ces résultats partiels forme le compte de l'exercice.

38. Compte du trésorier. — Le compte particulier du trésorier comprend deux articles de recettes, et deux articles de dépenses. Les deux articles de recettes sont : 1° le montant des recettes effectuées pour la Fabrique tel qu'il résulte du compte d'exercice; 2° le montant des sommes *extraites* de la caisse de la Fabrique pendant le cours de l'exercice. Les deux articles de dépenses sont : 1° le montant des dépenses payées pour la Fabrique, tel qu'il résulte du compte d'exercice; 2° le montant des sommes *versées* dans la caisse de la Fabrique pendant le cours de

l'exercice. Comme on le voit, le compte particulier du trésorier se forme du compte d'exercice, auquel on ajoute seulement les sommes que le trésorier a reçues de la caisse et celles qu'il y a versées.

39. Présentation du compte annuel au bureau des marguilliers. — Le compte annuel, composé, comme nous l'avons dit, du compte d'exercice et du compte particulier du trésorier, est présenté au bureau par ce comptable dans la séance du premier dimanche de mars. Au compte, le trésorier doit joindre : 1° les pièces justificatives ; 2° son journal et son livre des comptes, ainsi que les registres ou états auxiliaires qui en dépendent ; 3° un état détaillé des recouvrements à faire et des dépenses à payer : le tout est communiqué aux marguilliers sur le récépissé de l'un d'eux. (*Règl., art.* 85.)

Dans cette séance, le bureau vise et arrête le journal de son trésorier.

Après avoir vérifié les deux éléments dont se compose le compte annuel, savoir, le compte d'exercice et le compte particulier du trésorier, le bureau établit la somme dont le trésorier est reliquataire envers la Fabrique et se la fait représenter pour la verser immédiatement dans la caisse à trois clés, dont il dresse ensuite l'état de situation en fin d'exercice.

En liquidant ainsi chaque année le compte du trésorier par le versement de son reliquat dans la caisse, on liquide par là même le compte d'exercice et on est dispensé de faire figurer dans le compte d'un exercice le reliquat de l'exercice précédent ; ce reliquat, entrant dans la caisse, contribue à former l'en-caisse en fin d'exercice, et, ce qui revient au même, l'en-caisse au commencement de l'exercice suivant.

C'est ainsi que le reliquat d'un exercice entre dans le premier article du compte de caisse de l'année suivante. C'est donc par le compte de caisse et non par le compte d'exercice que deux années consécutives se rattachent l'une à l'autre. De cette manière le compte d'exercice, dégagé d'un élément qui lui est étranger, représente plus fidèlement et plus clairement le résultat final des opérations propres à l'exercice qu'il concerne.

40. Compte de la caisse. — Après avoir vérifié le compte annuel de la Fabrique et versé le reliquat du trésorier dans la caisse, le bureau, qui est le véritable caissier de la Fabrique, dresse l'état de situation de cette caisse en fin d'exercice et le compte qu'il doit en rendre au conseil.

Le compte de la caisse n'est pas, comme le compte de l'exercice, un compte de recettes et de dépenses, mais seulement un *compte d'avoir* résultant de versements et de retraits de fonds ; cependant il y a entre ces deux comptes une corrélation nécessaire, parce que l'avoir de la Fabrique varie à chaque exercice dans la proportion combinée de ses recettes et de ses dépenses pendant cet exercice. Nous avons fait servir cette corrélation à contrôler l'un par l'autre ces deux comptes, et par suite celui du trésorier, dont les éléments entrent dans le compte général de la caisse. On est sûr d'avoir bien opéré quand le compte de la caisse présente en fin d'exercice une augmentation ou une diminution égale à l'excédant ou au déficit du compte de l'exercice (22).

---

(22) Ce mode de comptabilité pourra, au premier aspect, paraître un peu compliqué ; mais c'est une conséquence inévitable, non pas du système de la caisse à trois clefs, qui est le plus simple de tous, mais de la réunion et de la confusion des fonctions de receveur et de payeur dans ce système. Si ces fonctions étaient séparées ou au moins exercées séparément, il ne résulterait de la tenue de la caisse aucune complication pour les comptes, les recettes du *receveur fabricien* représentant exactement les recettes de la Fabrique, ainsi que les sommes entrées dans la caisse, et les dépenses du *procureur fabricien*, les dépenses de la Fabrique ainsi que les sommes sorties de la caisse ; mais la faculté laissée au trésorier de prendre sur les recettes de la Fabrique pour en acquitter les dépenses, fait que les sommes versées dans la caisse ne représentent plus intégralement les recettes de la Fabrique et que les sommes extraites de la caisse ne représentent plus intégralement les dépenses de la Fabrique. Pour se faire une idée claire et précise des unes et des autres, il est nécessaire d'établir séparément les trois comptes dont nous venons de parler et qui d'ailleurs n'ajoutent que quelques lignes au compte ordinaire d'exercice, comme on le voit dans les modèles, page 64.

Aussi cette complication, plus apparente que réelle, se réduit-elle heureusement à très-peu de chose dans la pratique : seulement, il nous a fallu entrer à ce sujet dans de longues explications pour éclaircir un point qui n'a été jusqu'à présent abordé, que nous sachions, par aucun des auteurs qui ont écrit sur cette matière.

41. Forme du compte. — La forme du compte est déterminée tant par les considérations qui précèdent, que par la nécessité de le mettre en harmonie avec le budget. Ce que nous disons de la forme de celui-ci au § 7, s'applique en grande partie à la forme du compte d'exercice, et le modèle de compte que nous proposons dans la troisième partie, p. 61, 62, 63 et 64, nous dispense d'expliquer ici plus au long la forme et la disposition qu'il convient d'adopter.

42. Observations sur la rédaction du compte. — La plupart des observations que nous avons faites sur la rédaction du budget s'appliquent à celle du compte d'exercice ; nous ne mentionnerons donc ici que celles qui sont propres au compte.

1° Comme il importe de conserver au compte d'exercice son caractère de *compte de deniers*, pour éviter une complication qui pourrait devenir une source d'embarras et d'erreurs, nous proposons de réserver pour la colonne des observations, *le compte de matières* pour les objets reçus en nature et employés au service de l'église, comme sont l'huile employée à l'entretien de la lampe du Saint-Sacrement et la cire servant au luminaire. Dans le journal, ces recettes sont inscrites pour mémoire sans que l'évaluation qui en est faite y soit portée en ligne de compte.

2° Le compte d'exercice, quoique étant un compte de deniers, peut présenter un déficit, parce que les dépenses qui excèdent les recettes de l'exercice ont pu être payées avec l'argent extrait de la caisse. Il n'en est pas de même du compte du trésorier ; il ne doit jamais être arrêté en déficit, parce que cela supposerait que le trésorier a fait des payements au-delà des ressources mises à sa disposition par le bureau, ce qu'on ne peut admettre, du moins en principe. Les dépenses de fabrique que le trésorier aurait acquittées de son propre argent doivent rester au rang des *dépenses à payer* et n'être admises comme *dépenses payées* que quand le trésorier est régulièrement remboursé de ses avances sur les deniers mêmes de la fabrique, comme tout autre tiers qui aurait acquitté des dépenses pour la fabrique.

Le mot déficit ne doit pas non plus être employé dans l'arrêté du compte de caisse, du moins dans l'acception qu'on lui donne dans l'arrêté du compte d'exercice. Les fonds de la caisse peuvent augmenter et diminuer, ils peuvent même être totalement absorbés ; mais on ne peut pas dire que l'on a extrait de la caisse plus qu'elle ne contenait, ce que semblerait supposer le mot *déficit* ; dans le compte de caisse, ce mot doit être réservé pour désigner une somme qui devrait se trouver dans la caisse et qui ne s'y trouve pas, soit par erreur, soit par soustraction frauduleuse.

3° Les fabriques qui n'auraient pas encore établi la caisse à trois clefs, ne sont pas pour cela dispensées de dresser le *compte de caisse*. Elles sont censées avoir constitué leur trésorier lui-même *caissier* en le rendant dépositaire responsable de la caisse de la fabrique ; au moyen de quoi le règlement des comptes se fait sans qu'il y ait rien à changer aux formules (23).

4°, Chaque trésorier n'est comptable que des actes de sa gestion personnelle. En cas de mutation de trésorier dans le cours d'un exercice, le compte annuel est divisé suivant la durée de la gestion de chaque titulaire, et chacun rend compte séparément des faits qui le concernent ; mais après avoir établi le compte particulier de chaque trésorier, il convient de réunir ces comptes

---

(23) Le trésorier qui, à l'époque de la vérification de son compte par le bureau, se trouve, comme tel, reliquataire d'une certaine somme, est supposé verser immédiatement ce reliquat dans la caisse de la Fabrique dont il est dépositaire, et dès lors ne plus rien devoir comme trésorier ; mais ce qu'il ne doit plus *comme trésorier*, il le doit *comme caissier*, ce qui revient au même. Les Fabriques qui seraient ainsi en retard d'établir leur caisse à trois clefs distincte de celle du trésorier remarqueront qu'en ce cas, dans le *compte de caisse*, comme dans le *compte particulier du trésorier*, l'article : *sommes versées dans la caisse de la Fabrique pendant le cours de l'exercice*, porte nécessairement *zéro*. Quant à l'article : *sommes extraites de la caisse pendant le cours de l'exercice*, il peut porter zéro, à moins que, les recettes propres à l'exercice n'étant pas suffisantes pour acquitter les dépenses, le trésorier n'ait pris sur l'*en-caisse au commencement de l'exercice*, c'est-à-dire sur l'en-caisse laissé par l'exercice précédent ; mais il sera mieux d'y porter intégralement cet en-caisse, ce que l'on peut toujours faire sans qu'il en résulte aucune erreur dans le compte, quand le comptable est à la fois trésorier et caissier. (Voir la note 12 du modèle de compte, p. 64, et le *résumé*, p. 65.)

partiels en un seul , afin de présenter le tableau général des recettes et des dépenses de l'exercice entier. Au lieu de verser dans la caisse à trois clefs, comme à la fin de l'exercice, le reliquat du trésorier sortant, nous proposons de le remettre au nouveau trésorier, qui en prend charge et peut de la sorte continuer la gestion de son prédécesseur et rendre en fin d'exercice un compte unique pour l'exercice tout entier, absolument comme s'il n y avait pas eu de mutation de trésorier. C'est le parti qu'il faut suivre, comme étant le plus simple, toutes les fois que le bordereau de situation du trésorier sortant et le procès-verbal de la remise du service ne constatent aucune irrégularité ou négligence dans la gestion de ce comptable. S'il y avait contestation sur quelques points, on pourrait suivre encore la même marche, mais en réservant les articles contestés, qui seraient réglés par l'autorité diocésaine, comme nous le disons ci-après de toutes contestations de cette nature.

Nous ne nous étendrons pas davantage sur la rédaction du compte : on peut voir pour plus de détails sur cette matière les notes nombreuses qui accompagnent le modèle de compte que nous donnons ci-après dans la troisième partie, p. 61, 62, 63, 64 et 65.

43. RÈGLEMENT DU COMPTE PAR LE CONSEIL. —Le bureau des marguilliers, après avoir vérifié le compte annuel rendu par le trésorier et avoir dressé le compte de la caisse, fait, dans la session de *Quasimodo*, rapport du tout au conseil, lequel examine, clôt et arrête ces comptes dans cette session, qui est, pour cet effet, prorogée jusqu'au dimanche suivant, si besoin est. (*Règl.*, *art.* 85.)

Les opérations de l'apurement du compte par le conseil consiste : 1° en ce qui concerne la recette, à vérifier, reconnaître et constater le montant des recettes effectuées et celui des recettes à faire ; à s'assurer si, à défaut de recouvrement de quelques parties des revenus, le comptable a fait en temps utile, contre les débiteurs en retard, les poursuites et diligences nécessaires, et si le défaut de recouvrement provient ou non de sa faute ; 2° en ce qui concerne les dépenses, à vérifier, reconnaître et constater le montant des dépenses payées et celui des dépenses à acquitter ; à s'assurer si les payements effectués ont été mandatés et renfermés dans les crédits affectés à chaque article et s'ils sont justifiés par quittance des parties intéressées.

Lorsque tous les faits de comptabilité sont éclaircis, et qu'il résulte des vérifications que les comptes sont au point d'être apurés, ils sont réglés et arrêtés par le conseil.

Si le conseil trouve à faire subir au compte des rectifications non consenties par le trésorier ou le bureau, il en tient état dans son arrêté, sans pour cela surcharger les nombres qui doivent rester tels qu'ils sont présentés; seulement, il explique, soit dans la colonne des observations, soit dans le procès-verbal de la séance, la différence qui existe entre le résultat du compte présenté et son arrêté.

S'il arrive quelques débats sur un ou plusieurs articles du compte, le compte n'en est pas moins clos et arrêté sous la réserve des articles *contestés*. (*Règl.*, *art.* 86.)

L'arrêté porté par le conseil ne fait aucun obstacle à ce que, sur la demande ou du trésorier ou d'un membre du conseil, le compte ne soit rectifié par le conseil lui-même pour erreur de calcul, omission, faux ou double emploi : la révision des comptes pour toute autre cause est référée à l'autorité diocésaine.

Une expédition de l'arrêté du compte est remise au trésorier pour lui servir de décharge.

Il est fait deux minutes du compte ; l'une est déposée dans la caisse à trois clefs avec les pièces justificatives, et l'autre est envoyée à l'évêché.

Cet envoi, que l'Évêque peut exiger par disposition réglementaire, a le double avantage de fournir à l'autorité diocésaine d'utiles renseignements pour le règlement des budgets et de lui donner un moyen facile de surveiller la gestion des fabriques et de s'assurer que les comptes sont régulièrement et exactement rendus dans toutes les paroisses du diocèse.

44. Attributions de l'autorité diocésaine relativement aux comptes. — Autrefois les comptes des Fabriques étaient rendus à l'autorité diocésaine et réglés sur les lieux, en présence du Curé et des autres membres de la Fabrique, soit par l'Évêque en personne, soit par un de ses grands vicaires, soit par un autre ecclésiastique commis à cette fin par l'autorité diocésaine, à défaut de laquelle seulement ils étaient reçus et réglés par le Curé et autres membres composant le conseil de Fabrique désigné alors sous le nom d'assemblée générale de paroisse (24).

Ce n'était donc que par exception et à défaut de l'autorité diocésaine que le conseil recevait et réglait les comptes, et encore à la charge de les représenter à l'autorité diocésaine à la prochaine visite.

Les anciens règlements portent : « Les comptes seront présentés au supérieur ecclésiastique « ou à ses vicaires généraux ou aux archidiacres lors de leurs visites, ou enfin à celui qui aura « été commis par ledit supérieur ecclésiastique ou par ses vicaires généraux à cet effet, et « en présence du Curé, des marguilliers en exercice, des officiers de justice et des habitants, « aux jours qui auront été marqués, quinze jours au moins avant lesdites visites, à peine de « 10 livres d'aumônes au profit de la Fabrique contre le marguillier en retard de rendre son « compte, de laquelle aumône le marguillier comptable sera tenu de se charger en recette; « et en cas que ledit supérieur ecclésiastique, ses vicaires généraux ou les archidiacres n'aient « pas fait leur visite avant le premier dimanche de juillet de chaque année, ou qu'il n'ait pas « été nommé de commissaire pour arrêter (25) lesdits comptes avant cette époque, ils seront « rendus, examinés et arrêtés dans l'assemblée générale qui se tiendra le premier dimanche « de juillet et en la forme prescrite par l'article précédent, sans préjudice au supérieur ecclé- « siastique, à ses vicaires généraux et aux archidiacres de se faire représenter lesdits comptes « dans leur visite prochaine : enjoint aux officiers de justice de tenir la main à l'exécution des « ordonnances qui seront rendues par ledit supérieur ecclésiastique, ses vicaires généraux et « archidiacres, au sujet desdits comptes, et notamment pour le recouvrement et l'emploi des « deniers qui en proviendront, comme aussi de faire avec le marguillier successeur, même eux « seuls à son défaut, toutes les poursuites qui seront nécessaires pour cet effet. » (Article 27 des règlements des diocèses de Reims, Tours, Poitiers et Angers). Cette disposition n'est au reste que la reproduction presque textuelle de l'article 17 de l'édit d'avril 1695, qui lui-même ne faisait que reproduire des règlements plus anciens.

L'exception est devenue la règle, et aujourd'hui les comptes des Fabriques sont généralement reçus et réglés par le conseil de Fabrique, sauf les points contestés, lesquels doivent être réservés et déférés à l'autorité diocésaine, qui décide.

En tout état de cause et qu'il y ait contestation ou non, l'autorité diocésaine conserve toujours la faculté 1° de recevoir et de régler elle-même le compte sur les lieux ou d'y envoyer un commissaire pour le recevoir en son nom; 2° de se faire représenter en cours de visite tous comptes, registres et inventaires, et vérifier l'état de la caisse.

Si le compte est reçu par l'autorité diocésaine elle-même, c'est-à-dire par le Prélat ou par l'un

---

(24) Cette assemblée de paroisse s'appelait *générale*, non pas qu'elle comprît tous les habitants de la paroisse, comme quelques-uns le croient, mais par opposition à l'assemblée particulière du bureau des marguilliers. Ce qui a pu induire en erreur sur ce point, c'est que les séances étaient quelquefois publiques; mais tous les paroissiens qui y assistaient n'y avaient pas pour cela voix délibérative.

(25) Il est clair que si le simple commissaire de l'Évêque avait le droit d'*arrêter* les comptes, à plus forte raison l'Évêque lui-même et son grand vicaire l'avaient-ils. Il faudrait d'ailleurs ignorer totalement l'histoire et la constitution de l'Église pour mettre un instant en doute le droit inhérent à l'autorité diocésaine de se faire rendre compte de l'administration du temporel des paroisses et de porter à cet égard des ordonnances que les officiers de justice étaient chargés de faire exécuter. C'est cette juridiction toute spéciale que le règlement de 1809 a consacrée de nouveau avec de légères modifications (Voyez *Principes sur l'administration temporelle des paroisses*, par l'abbé de Boyer, t. II, p. 23 à 29).

de ses vicaires généraux, elle le règle définitivement et rend à son sujet telle ordonnance qu'il appartient. Si, au contraire, il est reçu par un commissaire qui ne soit pas grand vicaire, ce commissaire ne peut plus rien ordonner lui-même, ni sur le compte, ni sur l'état de la Fabrique, les fournitures et réparations à faire à l'église, mais seulement dresser procès-verbal de son opération et envoyer son rapport sur le tout à l'autorité diocésaine pour être par elle statué comme il convient.

Les contestations sont donc toujours, sinon jugées, du moins instruites sur les lieux en présence des comptables et autres membres de la Fabrique, et par informations prises, au besoin, en dehors de la Fabrique elle-même. C'est encore là une de ces dispositions heureuses qui rendent la comptabilité des Fabriques supérieure dans son organisation à celles qui ne se règlent qu'au chef-lieu sur la simple production de pièces, dont on ne peut guère vérifier que la régularité matérielle.

Ces principes sont reconnus dans une décision ministérielle du 10 mars 1812, qui porte 1° que quand le compte réglé par le conseil n'a soulevé aucun débat, il n'a besoin d'aucune approbation, à moins que l'Évêque ne veuille le voir et le soumettre à son approbation, ce qu'il a le droit de faire en tout temps; 2° que la délibération de la Fabrique qui approuve le règlement de compte est immédiatement exécutoire; 3° que si le compte a soulevé des débats, les contestations sont soumises à l'Évêque. Ils résultent d'ailleurs clairement des articles 47, 48, 85, 86, 87 et 90 du règlement.

On voit, par ce qui précède, que les comptes des Fabriques sont soumis à trois degrés de juridiction : le bureau les vérifie et en prépare le règlement; le conseil les règle, sous la réserve des articles au sujet desquels il y a contestation; enfin l'autorité diocésaine décide les points contestés et peut toujours, et en tout état de cause, se faire représenter sur les lieux tous registres et pièces comptables, réviser les comptes rendus, vérifier la caisse et rendre à cet égard telle ordonnance que de droit.

45. COMPÉTENCE ADMINISTRATIVE EN MATIÈRE DE RÈGLEMENT DE COMPTES DES FABRIQUES. — Les contestations élevées dans le sein de la Fabrique au sujet du règlement des comptes sont décidées, non judiciairement, mais *administrativement*, c'est-à-dire, par l'autorité préposée à l'administration des Fabriques et conformément aux règles établies pour cette administration.

La raison en est que ce règlement, qui s'appuie moins sur l'interprétation et l'application des lois que sur une simple appréciation des faits de gestion, est considéré comme un acte de pure administration, ce qui est vrai au moins toutes les fois qu'il ne donne lieu à aucune contestation sur un point de droit. Que si, dans certaines circonstances ou sous quelque rapport, il participe de la nature d'un jugement, on peut dire 1° que l'autorité préposée à cette administration tient de son institution le droit d'en connaître ; 2° que dans tous les cas sa décision a au moins la force d'une sentence arbitrale, à laquelle les parties intéressées se sont d'avance soumises volontairement en consentant à une gestion assujettie à des règles spéciales préalablement établies et connues. Cette décision, en ne la considérant que comme sentence arbitrale, ne serait pas, il est vrai, par elle-même forcément exécutoire par les moyens civils de contrainte; mais, comme toute autre sentence arbitrale, elle peut toujours le devenir par un acte judiciaire d'homologation, ce qui explique à la fois le caractère et les limites de la compétence attribuée, en matière de comptes de Fabriques, au tribunal de première instance par l'article 90 du règlement, comme nous le verrons ci-après.

Toutes les contestations au sujet du règlement de compte ont en définitive pour objet l'inscription ou la radiation soit d'une recette, soit d'une dépense : la décision en est réservée à l'autorité diocésaine, qui prononce en dernier ressort sur les lieux ou au moins après instruction sur les lieux, comme nous l'avons dit plus haut.

Mais ces contestations soulèvent souvent des questions préjudicielles d'irrégularités quelquefois réparables. Ces questions sont susceptibles d'une instruction particulière, dont nous allons donner quelques exemples : 1° s'agit-il d'un payement fait par le trésorier sans mandat de l'ordonnateur? La question sera du ressort du bureau chargé, par l'article 28 du règlement, de décider si le mandat nécessaire pour régulariser le payement peut être délivré ; 2° s'agit-il du payement de travaux exécutés par économie sans autorisation du conseil, lorsque cette autorisation est requise? La question sera du ressort du conseil, que cette autorisation concerne, aux termes de l'article 42 du règlement ; 3° S'agit-il du payement d'une dépense non autorisée par l'Évêque? La question sera du ressort de l'autorité diocésaine, qui, avant de statuer, prendra les avis du bureau et du conseil, conformément aux dispositions des articles 12, 24, 45 et 47 du règlement. Il est inutile de faire remarquer que, dans les circonstances où la question est du ressort du bureau ou du conseil, il y a toujours, en cas de réclamation, recours à l'autorité diocésaine, qui décide en dernier ressort.

Ces exemples, qu'on pourrait multiplier, suffiront pour faire comprendre en quel sens on dit que les débats élevés au sujet du règlement des comptes sont décidés *administrativement* et même comment ils ne peuvent pas l'être autrement (26).

---

(26) Il est des auteurs qui prétendent que l'autorité administrative appelée à régler les comptes de Fabrique en cas de contestation, est le Conseil de préfecture. C'est une erreur, qui vient de ce que, de 1790 à 1809, les biens confisqués et non aliénés des anciennes paroisses ont été administrés par des espèces de commissions municipales désignées sous le nom trompeur de Fabrique et sous l'empire tant de la loi du 28 octobre, 5 novembre 1790 que de l'arrêté du 7 thermidor an xi, qui attribuaient au directoire du département et plus tard au Conseil de préfecture le règlement des comptes du caissier de ces Fabriques, non-seulement en cas de contestation, mais en tout état de cause.

D'une part, cet ordre de choses n'a jamais été appliqué aux Fabriques intérieures créées par les Évêques en vertu de l'art. 76 de la loi du 18 germinal an x, et de l'autre il a été totalement changé par le règlement de 1809, qui a définitivement aboli les Fabriques extérieures créées par la loi du 28 octobre, 5 novembre 1790 et par l'arrêté du 7 thermidor an xi et a rétabli les anciennes règles en ce qui concerne la juridiction épiscopale relativement aux contestations élevées au sujet du règlement des comptes du trésorier.

Merlin, dans son *Répertoire universel de jurisprudence*, dit bien : « Aujourd'hui, ni les Évêques ni les « tribunaux ne peuvent plus prendre connaissance des « comptes de Fabriques. Ces comptes doivent être « rendus administrativement. » Et il ajoute : « Voyez « la loi du 23 (28) octobre, 5 novembre 1790, titre 1er, « art. 14. » Merlin parle donc là des Fabriques instituées par cette loi et non des Fabriques actuelles, avec lesquelles les premières n'avaient rien de commun que le nom. C'est ce que paraissent n'avoir pas remarqué les nouveaux éditeurs de Merlin et ses nombreux copistes.

M. de Cormenin, dans ses *Questions de droit administratif*, 4e édit., t. iii, p. 142 et 143, dit qu'il appartient aux Conseils de préfecture de statuer sur les débats élevés entre une Fabrique et son trésorier, relativement aux divers articles du compte dudit trésorier ; et il cite à l'appui de cette assertion l'arrêté du 7 thermidor an xi art. 5 et un arrêt rendu par le Conseil d'État, le 13 mai 1829. L'assertion est vraie dans le cas de l'arrêté du 7 thermidor an xi et dans l'espèce de l'arrêt du 13 mai 1829, rendu au sujet de la gestion du sieur Olivier-Duvalet, contre lequel était déjà intervenu un arrêt de la Cour de cassation du 9 juin 1823, souvent invoqué dans la question qui nous occupe.

La date assez récente de ces deux derniers arrêts pourrait faire croire qu'il s'y agit des Fabriques actuelles; mais il faut observer : 1° que ces décisions s'appliquaient précisément à des faits accomplis sous l'empire de la loi du 28 octobre, 5 novembre 1790, et de l'arrêté du 7 thermidor an xi; 2° que le sieur Olivier-Duvalet était en même temps *trésorier* de la Fabrique intérieure instituée en vertu de l'article 76 de la loi du 18 germinal an x et *caissier* de la Fabrique extérieure créée par l'arrêté du 7 thermidor an xi, et qu'il était actionné en cette double qualité ; 3° enfin que la contestation remontait à 1806, comme on le voit par le quatrième considérant de l'arrêté précité du 13 mai 1829.

Ce considérant remarquable, qui, loin d'être opposé à notre sentiment, le confirme au contraire, est ainsi conçu : « Vu les comptes arrêtés le 28 *avril 1806 par* « *le* délégué de l'évêque *en présence des membres du* « *Conseil de la Fabrique,* le 10 mai 1806 par le Conseil « municipal de la commune, et le 24 décembre sui- « vant par le préfet du département (*Archives du Con-* « *seil d'État*). » On voit par ce considérant que la gestion du sieur Duvalet était multiple et que les contestations élevées au sujet du règlement de compte des trésoriers des Fabriques paroissiales étaient dès lors, comme anciennement et toujours, du ressort de l'autorité diocésaine statuant sur les lieux ou après instruction sur les lieux. Or, c'est évidemment cet ancien ordre de choses que le décret réglementaire de 1803 a voulu de nouveau consacrer et appliquer aux Fabriques actuelles, par ses articles 86, 87 et 90, dont le meilleur commentaire est dans les règlements et la pratique constante des temps antérieurs (b).

(b) Une instruction pratique sur la comptabilité des Fabriques publiée sous l'épiscopat de Mgr. de Montmorin, Évêque de Langres, porte : « Si c'est un article sur lequel il y ait contestation, on met en apostille : *Renvoyé à la décision de Monseigneur l'Évêque.* »

Nous ne parlons ici que des contestations élevées dans le sein de la Fabrique au sujet du réglement de compte et des actes de gestion du trésorier. S'il s'agissait d'une contestation entre la Fabrique et un tiers au sujet d'une créance ou d'une question de propriété, elle serait du ressort des tribunaux civils ou des tribunaux administratifs selon l'origine et la nature du titre à l'égard duquel il y a contestation.

46. Compétence judiciaire en matière de comptes des fabriques. — Les tribunaux civils ne peuvent s'immiscer dans le règlement des comptes de Fabriques; mais ils sont compétents pour contraindre au besoin le trésorier 1° à rendre ses comptes, 2° à en payer le reliquat administrativement fixé, c'est-à-dire fixé par l'autorité préposée à l'administration des Fabriques et selon les règles établies pour cette administration; car c'est ainsi qu'il faut entendre ce principe, désormais hors de toute contestation, que les comptes des établissements publics doivent être réglés administrativement et non judiciairement. On a compris, et l'expérience ne l'a que trop bien prouvé, que si, à l'occasion des contestations soumises aux tribunaux civils, ceux-ci s'immisçaient dans le règlement des comptes des établissements publics, ils auraient bientôt entraîné dans leur sphère l'administration même de ces établissements ou auraient au moins paralysé l'action des administrateurs.

La compétence judiciaire en matière de compte des fabriques est déterminée par l'article 90 du règlement ainsi conçu : « Faute par le trésorier de présenter son compte à l'époque fixée, « et d'en payer le reliquat, celui qui lui succèdera sera tenu de faire, dans le mois au plus tard, « les diligences nécessaires pour l'y contraindre; et, à son défaut, le procureur impérial, soit « d'office, soit sur l'avis qui lui en sera donné par l'un des membres du bureau ou du « conseil, soit sur l'ordonnance rendue par l'Évêque en cours de visite, sera tenu de poursuivre « le comptable devant le tribunal de première instance, et le fera condamner à payer le reliquat, « à faire régler les articles débattus ou à rendre son compte, s'il ne l'a été, le tout dans un délai « fixé; sinon, et ledit temps passé, à payer provisoirement au profit de la Fabrique, la somme « égale à la moitié de la recette ordinaire de l'année précédente, sauf les poursuites ultérieures. »

C'est au moyen de cette intervention du pouvoir judiciaire que le règlement de compte arrêté par le conseil de Fabrique lorsqu'il n'y a pas de contestation, et par l'autorité diocésaine lorsqu'il y a contestation, est rendu exécutoire par les moyens civils de contrainte.

47. Responsabilité du trésorier et du bureau des marguilliers. — Le Trésorier est tenu de faire tous les actes conservatoires pour le maintien des droits de la Fabrique et toutes les dili-

---

Au reste, une preuve péremptoire que la connaissance des comptes de Fabriques n'appartient pas au Conseil de préfecture, c'est que les tribunaux administratifs tiennent de la loi le pouvoir de contraindre les comptables soumis à leur juridiction : 1o à rendre leur compte; 2o à payer le reliquat, tandis qu'à l'égard des comptables des Fabriques le règlement de 1809, par son art. 90, confère expressément cette double attribution au tribunal de première instance, comme nous allons le voir, ce qu'il n'eût pas fait s'il eût entendu rendre les comptables des Fabriques justiciables des Conseils de préfecture.

Vuillefroy, lui-même, qu'on n'accusera sans doute pas d'exagérer les droits de l'autorité ecclésiastique, résume ainsi ce point de doctrine dans son *Traité de l'administration du culte catholique*, p. 367 : « Si le « compte n'a soulevé aucun débat et s'il n'y a pas « lieu de recourir à la commune, il n'a besoin d'au- « cune approbation : la délibération de la Fabrique « est immédiatement exécutoire. Si le compte a sou-

« levé des débats, *les contestations sont soumises à* « *l'Évêque.* — Les comptes des Fabriques doivent être « rendus, débattus et réglés en la forme administra- « tive *ci-dessus indiquée;* les tribunaux ne sont com- « pétents que pour contraindre le trésorier à rendre « les comptes et à en payer le reliquat *administrati-* « *vement fixé.* » L'auteur cite à l'appui la jurisprudence de l'Administration des cultes. Nous félicitons celle-ci d'avoir su, dans cette importante matière, éviter un écueil d'autant plus dangereux pour les intérêts qui lui sont confiés, qu'il est moins apparent, même pour la plupart des légistes.

Nous avons cru devoir nous étendre sur ce point, que nous regardons comme capital; car si l'opinion que nous combattons ici venait à prévaloir et à passer dans la doctrine et de la doctrine dans les lois, ce serait la *sécularisation* des Fabriques, c'est-à-dire, leur bouleversement total. C'est par des déviations de cette nature, peu remarquées d'abord ou faiblement combattues, que périssent les institutions les mieux établies

gences nécessaires pour le recouvrement de ses revenus. Il doit rendre son compte chaque année à l'époque fixée et en payer le reliquat. Il est comptable, non seulement de ce qu'il a reçu, mais encore de ce qu'il aurait dû recevoir pour la Fabrique ; il répond de son incurie, de sa négligence et de toutes les fautes personnelles de sa gestion. (*Règl.*, *art.* 25, 78, 82, 85 et 90.)

Sous les autres rapports, la responsabilité du Trésorier comme comptable est couverte par celle du Bureau, qui est le vrai caissier de la Fabrique et dont le Trésorier, nommé par lui dans son sein, n'est que l'agent pour les recettes et les dépenses qu'il effectue sous la surveillance et la direction immédiates et journalières des autres marguilliers, ses collègues. Aussi leur présente-t-il tous les trois mois un bordereau signé de lui et certifié véritable de la situation active et passive de la Fabrique pendant les trois mois précédents ; en même temps il en reçoit la somme qu'ils ont jugé lui être nécessaire pour les dépenses du trimestre suivant, comme aussi il leur remet, pour être versé dans la caisse de la Fabrique, ce qu'il se trouverait avoir d'excédant. Il leur présente également son compte annuel. Ce compte, avec les pièces justificatives, leur est communiqué sur le récépissé de l'un deux ; et ce sont eux-mêmes qui font, au nom du Bureau, rapport du compte annuel au conseil chargé de l'arrêter. (*Règl.*, *art.* 19, 24, 27, 28, 34, 50, 51, 52, 53, 85 et 90.)

On comprend toutes les garanties qui résultent de cette double responsabilité et d'une organisation si heureusement combinée.

48. Conclusion.—Nous nous sommes borné à exposer simplement les règles de la comptabilité des Fabriques, en écartant autant que possible les discussions. Qu'il nous soit néanmoins permis de considérer ce simple exposé comme une réponse à ceux qui accusent cette organisation d'être défectueuse et en sollicitent le changement, qu'ils poursuivent avec ardeur depuis plus de vingt ans. Cette question a été agitée dans plus d'un conseil général sous le dernier règne, et, à peu d'exception près, résolue sans connaissance de cause et dans des dispositions peu bienveillantes pour l'Eglise. Disons cependant qu'elle a trouvé une appréciation plus juste et plus éclairée dans le Conseil général de la Seine, qui, appelé à traiter ce sujet dans sa session de 1840, a déclaré, après un examen approfondi, que la législation actuelle des fabriques suffit pour la répression de tous les abus.

Les réformes proposées sur ce point ont pour but et auraient inévitablement pour effet d'enlever à l'Église l'administration de ses biens : or l'administration d'un bien s'identifie avec sa jouissance ; elle est un droit inhérent à la propriété, une partie intégrante de la propriété elle-même. Priver l'Église de l'administration de ses biens serait donc une atteinte portée à sa propriété, une confiscation partielle, qui supposerait, dans le pouvoir qui se la permettrait, le droit même de confisquer le tout, et conduirait à une nouvelle *spoliation*, que les adeptes dissimulent encore sous la dénomination adoucie de *sécularisation*. Qu'on ne s'y méprenne pas: la propriété privée n'est aujourd'hui si sérieusement menacée que parce que, depuis longtemps en Europe, la propriété ecclésiastique n'a pas été assez respectée par les législateurs et les gouvernements. Depuis plus de soixante ans qu'on professe en toutes rencontres, parmi nous, la *légitimité* de la main-mise nationale sur les biens de l'Eglise, que répondre aujourd'hui aux classes déshéritées qui demandent que l'on applique cette maxime au patrimoine de la famille, et que l'on fasse en leur faveur cet acte *légitime?* C'est ainsi qu'en croyant ne faire la guerre qu'à l'Église, on a ébranlé l'ordre social.

A ceux qui seraient de nouveau tentés de porter une main téméraire sur cette délicate matière et croiraient pouvoir encore à ce sujet légiférer à leur aise, sans égard pour les droits imprescriptibles de l'Église, nous dirons que les malfaiteurs qui commettent l'injustice à main armée, sont infiniment moins dangereux pour la société que les sophistes qui la décrètent comme légitime? C'est une réflexion que nous livrons à la méditation des hommes d'État et des hommes du pouvoir.

DEUXIÈME PARTIE.
MODÈLES ET FORMULES. [1]

———o◈o———

N° 1. Analyse des titres de créance. *V.* p. 45.

N° 2. Devis à produire à l'appui du budget pour achat d'objets mobiliers. [2]

Devis estimatif d'objets à procurer à l'église Saint-..., de..., dressé sur la demande de M... par N..,
orfèvre (ou chasublier), à N...

1° Un calice argent à double coupe, coupe intérieure dorée en dedans et en dehors, coupe extérieure ciselée, modèle riche : patène également dorée en dedans et en dehors : le tout pesant
hectogrammes   grammes, argent de premier titre, dorure au feu, estimé. 000 00

2° Un ciboire argent, coupe simple dorée en dedans, pesant   hectogrammes   grammes,
argent de premier titre, dorure au feu 000 00

3° Un ostensoir argent de   centimètres de hauteur ; gloire, lunette et agneau dorés ; croissant également doré en dedans et en dehors ; le tout pesant   hectogrammes   grammes, argent de
premier titre ; dorure galvanique 000 00

4° Un bénitier en cuivre, plaqué argent au dixième, avec goupillon, *idem,* forme vase de Médicis. 000 00

5° Un encensoir en cuivre, argenté au feu, avec navette *idem,* grand modèle. 000 00

6° Six chandeliers d'autel en cuivre, de   centimètres de hauteur, pesant chacun   kilogrammes, modèle riche 000 00

7° Chasuble rouge, avec étole et manipule, en damas cramoisi, broché or fin ; orfroi en gros-de-Tours, même couleur, galons fins de   millimètres ; franges de l'étole et du manipule *idem,* de
centimètres, doublure en soie 000 00

8° Une chape blanche en gros-de-Tours, galons jaunes, en soie, de   millimètres, franges du
chaperon, *idem,* de   centimètres, doublure en lustrine. 000 00

9° Une garniture de canons d'autel cartonnés, vernis, avec filet doré autour. 000 00

10° Un drap mortuaire en   , de   mètres de longueur sur   mètres de largeur, croix en moire blanche, galons blancs en soie de   centimètres pour la croix et de   centimètres pour le tour, doublure en percaline noire 000 00

　　　　　　　Total. 0000 00

Dressé par moi, soussigné, le présent devis montant à la somme de (*en toutes lettres*). Fait à
le　　　　　　　　　　　　　　(*Signature*).

N° 3. Visa du conseil de Fabrique à apposer à la suite d'un devis.

Vu et approuvé par le conseil de Fabrique le devis ci-dessus pour être annexé au budget de 185 .
　　　　Fait et signé en séance, le　　　　　　　　(*Signatures*).

N° 4. Budget. *V.* p. 47.

N° 5. État annuel des revenus fixes à recouvrer dans le cours de l'exercice. *V.* p. 51.

N° 6. Marché par soumission [3] pour achat d'objets mobiliers.
　　　　　　　Soumission du marchand.

Je soussigné, N..., orfèvre (*ou* chasublier), demeurant à　　　　　　, soumissionne la fourniture des objets détaillés, décrits et évalués ci-après, savoir :

　　(Suit le détail, la description et l'évaluation des objets comme au devis ci-dessus, n° 2.)

Je m'engage à fournir et à livrer à la Fabrique de l'église Saint-　　　, de　　　, lesdits objets en bon état et bien conditionnés, en mon domicile (*ou* au domicile de M. le curé de...), moyennant le prix de (*en toutes lettres*), payable le (*ou* dans le délai de　　, à partir du　　) jour de la livraison, qui aura lieu le... (*ou* sur la commande du Trésorier.) Fait à　　　, le　　　　　(*Signature*).

Acceptation de la soumission par la Fabrique.

Le bureau des marguilliers de la Fabrique de l'église Saint-   , de   , accepte pour ladite Fabrique avec (*ou* sauf) l'approbation du conseil(4), la soumission ci-dessus (*ou* la soumission souscrite par M.   , le   ).   Fait et signé le   (*Signature*).

(Le président du bureau signe seul l'acceptation destinée au soumissionnaire ; mais les marguilliers présents à la séance signent l'acceptation consignée sur le registre de leurs délibérations.)

N° 7. **Marché** pour fourniture d'objets de consommation.

Entre le soussigné N..., marchand, demeurant à   , d'une part, et de l'autre, la Fabrique de l'église Saint-   de   représentée par M. N... aussi soussigné, président du bureau des marguilliers (assisté de N... et de N...), spécialement autorisé à l'effet des présentes par délibération dudit bureau en date du..., a été convenu et arrêté (4) le marché qui suit :

Le sieur N..., s'engage à fournir et à livrer en son domicile la cire et l'huile nécessaires au service de l'église pendant trois années consécutives, qui commenceront le   : la cire en cierges au prix de (*en toutes lettres*) le kilogramme ; la cire en bougies au prix de (*en toutes lettres*) le kilogramme ; l'huile au prix de (*en toutes lettres*) le litre. La cire sera de première qualité et sans aucun mélange de matières étrangères ; l'huile sera également de première qualité et de celle connue dans le commerce sous la dénomination d'huile épurée à quinquet. Les livraisons seront faites au fur et à mesure des besoins et suivant les commandes du trésorier.

La fabrique, de son côté, s'engage à payer audit sieur N..., sur mandat du président du bureau et par l'intermédiaire du trésorier, au commencement de chaque trimestre, le prix des livraisons faites pendant le trimestre précédent et constatées par commandes du trésorier, certificat de réception et factures. Fait et signé double, à   , le   . (*Signatures*).

N° 8. **Commande du Trésorier.**

Le soussigné, marguillier-trésorier de la fabrique de l'église Saint-   , de   , mande à M..., marchand, demeurant à   , de délivrer à N..., sacristain de ladite église, en exécution du marché en date du   , la quantité de (*mettre le nombre en toutes lettres*) kilogrammes de cire, dont *tant* en cierges de *tel poids, tant* en cierges de *tel poids* et *tant* en bougies de *tel poids ;* et, en outre, *tant de* litres d'huile épurée à quinquet.   A   , le   .   (*Signature*).

N° 9. **Certificat de réception.** (5)

Je soussigné, sacristain de l'église Saint-   , de   , reconnais avoir reçu, pour le service de ladite église, en bonne qualité et bien conditionnées, les marchandises (*ou* fournitures) qui sont l'objet de la commande (*ou* de la facture, du mémoire) ci-dessus.   A   , le   . (*Signature*).

N° 10. **Facture de marchand.**

Doit la Fabrique de l'église Saint-   , de   , à N..., marchand, à   , la somme de (*en toutes lettres*) pour les marchandises (*ou* fournitures) ci-après détaillées et livrées comme il suit, savoir :

1° Le , *tant* de kilogrammes de bougies à *tant* le kilogramme.	000 00
2° Le , *tant de* litres d'huile épurée à quinquet, à *tant* le litre.	000 00
3° Le , *tant de* kilogrammes de cire en cierges de *tel poids*, à *tant* le kilogramme. . .	000 00
Total.	000 00

Pour acquit de la somme ci-dessus de (*en toutes lettres*), reçue de M..., le   185. (*Signature*).

N° 11. **Mémoire d'ouvrier.**

Doit la Fabrique de l'église Saint-   , de   , à N..., menuisier (serrurier), à N..., la somme de (*en toutes lettres*) pour les ouvrages faits et les fournitures livrées, comme il suit, savoir .

(Voir pour le reste, et notamment pour la manière de détailler les objets, le modèle précédent).

N° 12. **Visa approbatif** apposé par le Trésorier à la suite d'une facture ou d'un mémoire.

(Si le trésorier ne trouve aucune rectification à opérer dans la facture ou le mémoire, et s'il n'obtient aucune réduction de prix, il mettra :

Vu, vérifié et approuvé la facture (*ou* le mémoire) ci-dessus, montant à la somme de (*en toutes lettres*).

(Si, au contraire, le trésorier trouve des rectifications à opérer dans la facture ou le mémoire, et s'il obtient une réduction de prix, il mettra :

Vu et vérifié la facture (*ou* le mémoire) ci-dessus réglée (réglé) à la somme de (*en toutes lettres*).

Le   185   (*Signature*).

---

(4) L'approbation du conseil pour un marché n'est requise et n'a besoin d'être relatée qu'autant qu'il s'agit d'une dépense *extraordinaire*, et que cette dépense excède cinquante francs dans les paroisses au-dessous de mille âmes, et cent francs dans les paroisses d'une plus grande population.

(5) Le certificat de réception s'écrit à la suite de la commande, de la facture ou du mémoire.

Nº 13. Règlement d'un mémoire d'ouvrier par le directeur des ouvrages ou le surveillant des travaux.

Vu et vérifié le mémoire ci-dessus réglé à la somme de (*en toutes lettres*). Le   . (*Signature*).

Nº 14. Souscription d'une cotisation volontaire dont le produit est destiné à suppléer à l'insuffisance des ressources de la Fabrique pour subvenir à certaines dépenses paroissiales.

Nous soussignés, habitants de la paroisse S^t de   , inscrits au rôle des contributions de ladite commune, voulant pourvoir (aux réparations à faire tant à l'église qu'au presbytère), sommes convenus entre nous de ce qui suit :

ARTICLE 1er En cas d'insuffisance des ressources de la Fabrique pour subvenir (aux frais desdites réparations, dont le devis s'élève à   ), il y sera suppléé par les soussignés au moyen d'une cotisation au marc le franc des impositions de chacun (6).

ART. 2. Si cette cotisation doit excéder (dix) centimes par franc, elle sera répartie par portions égales entre plusieurs années consécutives de manière qu'elle n'excède pas (cinq) centimes par franc chaque année (7).

ART. 3. La quote-part de chacun des souscripteurs associés sera, le cas échéant (8), déterminée au marc le franc de ses impositions directes par le bureau des marguilliers (*ou* par trois répartiteurs choisis à la majorité des voix par les dix plus imposés). Elle sera versée dans la première quinzaine de (janvier) (de chaque année) entre les mains du trésorier de la Fabrique (*ou* d'un collecteur désigné par les répartiteurs), lequel en versera à son tour le montant dans la caisse de la Fabrique dans le cours dudit mois.

ART. 4. Le présent engagement n'est pas opposable aux héritiers en cas de décès ni au souscripteur lui-même en cas de changement de résidence,

ART. 5. Les dons particuliers qui seraient faits, soit pour augmenter le produit de la souscription, soit pour diminuer la charge de tous les associés, soit pour acquitter en tout ou en partie la quote-part de quelques-uns peu aisés, seront employés conformément aux intentions des donateurs.

ART. 6. Le bureau des marguilliers (assisté des répartiteurs) recevra et arrêtera, s'il y a lieu (8), le compte du receveur dans la première quinzaine du mois qui suivra celui fixé pour le payement de la cotisation.

ART. 7. Le présent restera entre les mains de MM. les marguilliers (*ou* de MM. les répartiteurs) chargés d'en procurer l'exécution, et par les soins desquels une copie sera déposée dans les archives de la Fabrique.

Fait à   le   (*Signatures*).

OBSERVATIONS. Ce mode de souscription peut s'appliquer à toute sorte de dépenses d'utilité paroissiale ; et si les fidèles savaient ainsi se concerter et réunir leurs efforts pour le bien, que de bonnes et grandes œuvres ils réaliseraient à peu de frais !

Au lieu de souscrire pour une somme totale déterminée d'avance, ce qui rend la part de chaque associé variable selon le nombre des souscripteurs et l'importance de leurs contributions, on peut souscrire pour un nombre déterminé de centimes par franc, ce qui rendra la somme totale variable selon le nombre des souscripteurs et l'importance de leurs contributions.

L'avantage du premier mode est d'obtenir toujours le résultat voulu ; l'avantage du second est de n'engager jamais le souscripteur au-delà des limites qu'il s'est lui-même tracées. On peut adopter l'un ou l'autre, selon les circonstances. Veut-on, par exemple, pourvoir à une dépense dont le chiffre est déterminé d'avance comme une indemnité de binage, un supplément de traitement, le montant d'un devis des réparations à faire à l'église, au cimetière, au presbytère ? Le premier mode devra être préféré. S'agit-il au contraire de pourvoir à une dépense dont le chiffre n'est pas déterminé d'avance, comme l'achat d'un calice, d'un ostensoir, d'un ornement, que l'on achètera plus ou moins cher, selon que la souscription produira plus ou moins, on peut adopter le second.

Ces cotisations sont un moyen tellement naturel de pourvoir à certaines charges paroissiales que le plus souvent elles se perçoivent et s'acquittent spontanément, même sans souscription préalable et sur un simple rôle dressé par MM. les fabriciens.

RÉPARTITION ENTRE LES SOUSCRIPTEURS.

Les marguilliers ou les associés chargés de la répartition détermineront la part contributive de chaque associé ainsi qu'il suit :

1º On divise le montant de la somme à répartir par le montant des contributions directes de tous les associés, ce qui donne le nombre de centimes à payer par franc ; si la cotisation doit être répartie sur plusieurs années par portions égales, on divise par ce nombre d'années le nombre total de centimes à payer par franc, afin d'avoir le nombre de centimes à payer par franc chaque année.

2º On multiplie le montant des contributions de chaque associé par ce nombre de centimes, ce qui donne la part à payer par chacun.

Si l'on forme un tableau des neuf premiers multiples du nombre de centimes à payer par franc, toutes les multiplications à faire pour déterminer la quote-part de chaque associé, se réduiront à de simples additions, comme on le voit ci-après.

(6) *Si on veut fixer le montant de la souscription, on rédigera ainsi l'art.* 1 : Les souscripteurs contribueront à ladite dépense pour une somme totale de   , au moyen d'une cotisation au marc le franc des impositions de chacun.

(7) *Si la cotisation doit être acquittée en un seul payement, on supprimera l'art.* 2. — *Si on voulait déterminer ou limiter le nombre de centimes par franc, on remplacerait l'article* 2 *par cet autre :* ART. 2. Cette cotisation sera de   (ou ne pourra excéder   ) centimes par franc. — *Si cette cotisation* doit être répartie par portions égales entre plusieurs années consécutives, *on exprimera le nombre annuel de centimes par franc et on ajoutera :* chaque année pendant (trois) ans à commencer en (1846).

(8) *On supprimera les mots :* le cas échéant *dans l'article* 3 *et les mots :* s'il y a lieu *dans l'article* 6 , *lorsque la souscription est absolue et que la cotisation n'est pas subordonnée au cas de l'insuffisance des ressources de la Fabrique.*

3

Nous supposons que la somme à répartir est de 600 fr., que le montant des contributions est de 4761 fr. 91, et que la cotisation se paie en trois ans par tiers chaque année; on aura : $\frac{600\ f.}{4761,91} = 0$ f. 12 6/10 et $\frac{3}{0\ f.\ 12\ 6/10} = 0$ f. 04 2/10 ou 4 c. 2/10 à payer par franc chaque année.

<table>
<tr><td>

TABLEAU
des neuf premiers multiples
de 0 f. 4 c. 2/10

1 . . . . . 0, 04.2
2 . . . . . 0, 08.4
3 . . . . . 0, 12.6
4 . . . . . 0, 16.8
5 . . . . . 0, 21.0
6 . . . . . 0, 25.2
7 . . . . . 0, 29.4
8 . . . . . 0, 33.6
9 . . . . . 0, 37.8

</td><td>

Application du tableau ci-contre à des exemples pris dans le Bordereau ci-dessous.

N° 1. pour 800 . . . . 33 f. 60 c.
N° 4. pour 500 . . . . 21 00
N° 6. pour 300 . . . . 12 60
N° 8. pour 200 . . . . 8 40
N° 10. pour 100 . . . 4 20
       pour 20 . 0 84
       pour 5 . 0 21
       pour 125 . 5 25 ci. . 5 25
N° 29. pour 5 . 0 21
       pour 0 50 . 0 02
       pour 5 50 . 0 23 ci. . 0 23

</td></tr>
</table>

C'est ainsi qu'a été calculée la quatrième colonne du bordereau ci-dessous.

BORDEREAU de répartition de la somme de (600 fr.) entre les souscripteurs de la cotisation volontaire établie le   pour subvenir (aux frais des réparations de l'église et du presbytère).

Montant de la somme à répartir. . . . . 600 f. » 0 c.	Nombre de centimes à payer par franc. . . 0 f. 12 6/10 c.
Montant des contributions directes des sou-scripteurs. 4761 91	(Nombre de centimes par franc à payer chaque année pendant trois ans. 0 04 2/10) (9)

NUMÉROS D'ORDRE.	NOMS DES ASSOCIÉS.	MONTANT des contributions directes de chaque associé. (Foncière, portes et fenêtres, personnelle, mobilière, patente.)		SOMMES À PAYER par chaque associé (annuellement) (pendant 3 ans) (9).		5 SOMMES PAYÉES en			OBSERVATIONS.
1	2	3 F.	3 C.	4 F.	4 C.	1846	1847	1848	6
1	N.	800	» »	33	60				
2	N.	700	» »	29	40				
3	N.	600	»	25	20				
4	N.	500	» »	21	» »				
5	N.	400	» »	16	80				
6	N.	300	» »	12	60				
7	N.	250	» »	10	50				
8	N.	200	» »	8	40				
9	N.	150	» »	6	30				
10	N.	125	» »	5	25				
11	N.	100	» »	4	20				
12	N.	90	» »	3	78				
13	N.	80	» »	3	36				
14	N.	70	» »	2	94				
15	N.	60	» »	2	52				
16	N.	50	» »	2	10				
17	N.	45	» »	1	89				
18	N.	40	» »	1	68				
19	N.	35	» »	1	47				
20	N.	30	» »	1	26				
21	N	25	» »	1	05				
22	N.	20	» »	0	84				
23	N.	15	» »	0	63				
24	N.	10	» »	0	42				
25	N.	9	» »	0	38				
26	N.	8	» »	0	34				
27	N.	7	» »	0	29				
28	N.	6	» »	0	25				
29	N.	5	50	0	23				
30	N.	5	25	0	22				
31	N.	5	» »	0	21				
32	N.	4	75	0	20				
33	N.	4	50	0	19				
34	N.	4	25	0	18				
35	N.	4	» »	0	17				
36	N.	3	66	0	15				
	TOTAUX. . . .	4761	91	200	» »				

(10) Quand la cotisation doit être acquittée en une seule année, on supprime les mots mis entre parenthèses.

N° 15. Récépissé de sommes extraites de la caisse de la Fabrique et remises au Trésorier pour assurer le service du trimestre courant.

Fabrique de l'église Saint   , de

Je soussigné, marguillier-trésorier, reconnais avoir reçu aujourd'hui la somme de (*en toutes lettres*), extraite ce même jour de la caisse de la Fabrique et jugée nécessaire pour l'acquit des dépenses du trimestre courant. En foi de quoi le présent récépissé a été délivré par moi pour être déposé dans ladite caisse, conformément aux prescriptions de l'article 52 du règlement des Fabriques.   Le   185 . (*Signature du trésorier*).

N° 16. Récépissé de sommes versées par le Trésorier dans la caisse de la Fabrique, comme inutiles au service du trimestre courant.

Fabrique de l'Église Saint   de

Nous soussignés, membres du bureau des marguilliers, reconnaissons avoir reçu aujourd'hui de M. le trésorier, et immédiatemement versé dans la caisse de la Fabrique la somme de (*en toutes lettres*), jugée inutile à l'acquit des dépenses du trimestre courant. En foi de quoi le présent récépissé a été délivré par nous à M. le trésorier pour lui servir de décharge.   Le   185 . (*Signatures de MM. les marguilliers*).

N° 17. État d'émargement des employés de l'église.

DIOCÈSE DE N.   FABRIQUE.
—
à   PAROISSE

ÉTAT NOMINATIF DES EMPLOYÉS DE L'ÉGLISE

pour servir au payement de leur traitement pendant le   mestre de 18   EXERCICE de 18

N° d'ordre.	N°s	NOMS ET PRÉNOMS.	EMPLOIS.	SOMMES A PAYER.		ÉMARGEMENT POUR ACQUIT.	OBSERVATIONS.
				f.	c.		

Le présent état montant à   ci   *dressé par Nous, Président du*
Bureau, pour être annexé au Mandat de payement N°
          A   le   18 .   LE PRÉSIDENT DU BUREAU,

N° 18 Procès-Verbal d'une séance de Quasimodo.

L'an de grâce mil huit cent cinquante-deux, le dix-huit avril, dimanche de Quasimodo, le conseil de fabrique, après avertissement publié au prône de la messe paroissiale du dimanche précédent, s'est réuni à la sacristie (*ou au presbytère*) à l'issue de la grand'messe (*ou des vêpres*), en séance ordinaire sous la présidence de M... Étaient présents : MM. N.., N.., N.., N.., N.., N...

Le conseil, sur la proposition de M. le président, s'est occupé d'abord de la réception des comptes de 1851, rapportés et déposés par le Bureau avec les pièces produites à l'appui et ci-après énumérées, savoir : 1° le règlement du compte de 1850 ; 2° le budget de 1851 (et les autorisations supplémentaires qui s'y rattachent) ; 3° l'état des revenus fixes de la Fabrique ; 4° les états de produits des bancs (et chaises), des quêtes, des troncs, des oblations, des droits casuels ; 5° l'état des recouvrements qui restaient à faire sur les exercices antérieurs ; 6° les bordereaux de situation des recouvrements et des payements au commencement de chaque trimestre ; 7° le journal grand-livre du trésorier et celui de l'ordonnateur des payements ; 8° enfin les pièces justificatives des dépenses au nombre de.... Le conseil a ensuite procédé à l'apurement desdits comptes de 1851, et, après examen et vérification faite du tout, il en a réglé :

		fr.	c.
Les recettes effectuées à (*les sommes en toutes lettres, puis en chiffres*).	ci.	000	00
Les dépenses payées à	ci.	000	00
Les recettes à effectuer, à.	ci.	000	00
Les dépenses à payer, à.	ci.	000	00
L'en-caisse en fin d'exercice, à.	ci.	000	00

lequel formera le premier article du compte de caisse de l'exercice suivant.

Et attendu que la différence entre cet en-caisse et celui de l'exercice précédent est la même que celle qui existe entre les recettes effectuées et les dépenses payées, la comptabilité de 1851 a été jugée régulière. En conséquence, et sauf recouvrement des arrérages, le conseil donne, tant au trésorier qu'au bureau des marguilliers, chacun en ce qui le concerne, décharge de leur gestion de 1851, sans préjudice de rectification, s'il y a lieu, pour cause d'erreurs, ommissions, faux ou doubles emplois, et recommande le dépôt des pièces comptables dans l'armoire des archives de la Fabrique.

M. le président a ensuite soumis à l'examen du conseil le projet du budget de 1853, proposé tant par M. le curé que par le bureau des marguilliers. Ce projet appuyé des documents et renseignements propres à en justifier les propositions a été discuté article par article et voté par le conseil, qui a admis :

Les recettes de l'exercice à la somme de (*les sommes en toutes lettres, puis en chiffres*) . . ci. 000 00
Les dépenses de l'exercice à la somme de. . . . . ci. 000 00
L'évaluation approximative de l'en-caisse au commencement de l'exercice, à. . . . . . ci. 000 00
D'où il résulte que l'état de la caisse en fin d'exercice est présumé devoir être en excédant (*ou* déficit) de. . . . . ci. 000 00

Et, attendu la nécessité de soumetttre ce projet de budget à l'approbation de l'autorité diocésaine, le conseil décide qu'il sera immédiatement adressé à l'évêché avec les autres pièces indiquées dans les instructions.

Après quoi, M. le président a rappelé à l'assemblée, qu'en exécution des articles 9 et 11 du réglement des Fabriques, elle avait à faire l'élection annuelle de son président, de son secrétaire et d'un membre du bureau des marguilliers en remplacement de M. N.., marguillier sortant. Il a, en conséquence, proposé d'y procéder successivement et par trois scrutins individuels, en prévenant que le premier scrutin aurait pour objet l'élection du président, le deuxième, l'élection du secrétaire, et le troisième, l'élection d'un membre du bureau des marguilliers.

Ont été élus à la majorité absolue des suffrages et proclamés : M.N.., président du conseil, M. N.., secrétaire du conseil, et M. N.., membre du bureau.

Toutes les matières à soumettre à la délibération étant épuisées et personne ne demandant plus la parole, lecture a été faite du présent procès-verbal, qui a été approuvé et signé séance tenante.   (*Signatures*).

S'il y avait à procéder aux élections triennales pour le renouvellement partiel du conseil, après l'arrêté du compte et le vote du budget (11), on clorait cette partie du procès-verbal par la formule ordinaire : Lecture faite du présent procès-verbal, il a été approuvé et signé séance tenante. *Les membres présents ayant signé, ceux dont le temps d'exercice est expiré se retirent, et on continue ainsi qu'il suit :*

Ces opérations terminées, MM. N.., N.., dont le temps d'exercice est révolu, se retirent. M. le président expose à l'assemblée qu'en exécution des articles 7 et 8 du règlement des fabriques, il y a lieu de renouveler partiellement le conseil en élisant deux (*ou* trois) fabriciens en remplacement de MM. N.., N.., dont le temps d'exercice est révolu, et les membres restants se trouvant en nombre suffisant pour faire cette élection, il propose d'y procéder immédiatement. Il fait observer que les membres sortants peuvent être réélus et qu'en tous cas le choix ne doit s'arrêter que sur des catholiques notables de la paroisse, d'une conduite exemplaire et zélés pour le bien de la religion et les intérêts de l'église. Les membres présents au nombre de cinq (*ou* quatre), après avoir discuté les divers choix proposés, procèdent par scrutin de liste à l'élection de deux (*ou* trois) fabriciens. Ont été élus à la majorité absolue des suffrages, MM. N.., N... (12), et attendu la nécessité de s'assurer de leur consentement, M. le président les fait prévenir de leur élection et prier de se rendre au vœu de l'assemblée en acceptant.

MM. N.., N.., sont introduits, déclarent accepter les fonctions pour lesquelles ils viennent d'être élus, sont proclamés fabriciens, prennent séance sur l'invitation de M. le président et reçoivent les félicitations des autres membres.

Le conseil ainsi renouvelé et complété se compose, non compris les deux membres de droit, de MM.

1° N . . . . ⎫
2° N . . . . ⎬ dont le temps d'exercice doit expirer en 1855.
3° N . . . . ⎭
4° N . . . . ⎫
5° N . . . . ⎬ dont le temps d'exercice doit expirer en 1858.

Après quoi, M. le président a rappelé à l'assemblée qu'en exécution des articles 9 et 11 du règlement des Fabriques, elle avait à faire l'élection annuelle de son président, etc.

N° 19. Délibération du conseil de Fabrique pour demander une subvention communale.

L'an de grâce mil huit cent cinquante-deux, le vingt-cinq avril, après avertissement donné au prône de la messe paroissiale le dimanche précédent (*ou* après convocation faite à domicile par lettres du   ), le conseil de Fabrique s'est réuni au presbytère (à la sacristie) en séance extraordinaire, en vertu de l'autorisation de Monseigneur l'évêque en date du   , sous la présidence de M. N.., à l'effet de recevoir communication du budget de 1853, réglé par l'autorité diocésaine, et d'aviser aux moyens d'en combler le déficit.

---

(11) Nous proposons de ne procéder aux élections triennales qu'après le règlement du compte et le vote du budget, parce qu'en agissant autrement les anciens membres pourraient exercer, dans ces importantes opérations, une trop grande prépondérance sur leurs nouveaux collègues encore peu au courant des affaires de la Fabrique.

(12) Si on prévoyait que des contestations dussent s'élever au sujet de la régularité et de la validité des élections, il faudrait entrer dans plus de détails et relater à chaque scrutin le nombre de votants et le nombre de voix obtenues par chaque candidat.

Étaient présents, MM. N.., N.., N.., N.., N...

M. le président communique au conseil le budget de 1853, récemment approuvé par l'autorité diocésaine et expose que ce budget, tel qu'il a été réglé, présente un déficit de   . Il invite en conséquence l'assemblée à délibérer sur les moyens d'y pourvoir. Sur quoi le conseil, après avoir entendu les observations et pris l'avis des membres du bureau des marguilliers, considérant .

1°

2°

3°

Décide : 1° que l'administration municipale sera invitée à voter (et à porter dans son budget de 1853), à titre de secours à la Fabrique, une subvention communale de (*en toutes lettres*), (imputable sur l'exercice de 185 et) jugée nécessaire pour couvrir le déficit du budget de l'église Saint-   de   , tel qu'il a été réglé par l'autorité diocésaine pour 1853.

2° Que les pièces nécessaires, indiquées par les instructions, seront, à cet effet, immédiatement adressées à M. le préfet par l'entremise de l'évêché, avec prière de vouloir bien donner à cette demande de secours la suite voulue par les articles 92 et suivants du règlement des Fabriques.

Lecture faite du présent procès-verbal, il a été approuvé et signé séance tenante.   (*Signatures*).

N° 20. Libellé à mettre en tête des registres de Fabrique dont les feuillets doivent être cotés et paraphés.

Fabrique de l'église Saint-   de

Le présent registre destiné à   , contient *tant de* feuillets cotés par premier et dernier et paraphés par nous, curé, soussigné, le   (*Signature*).

N° 21. Registre des concessionnaires des places de bancs.

Instruction sur la tenue du registre des concessionnaires des places de bancs (13).

1° Les bancs doivent être numérotés. Il convient d'adopter une série particulière de numéros pour chaque rang de bancs, afin que si, par la suite, on augmente le nombre des bancs, on ait à changer le moins possible de numéros. — Le premier banc est le plus rapproché de l'autel et la première place est la plus rapprochée de l'allée.

2° On désigne les rangs de bancs : 1° par les nefs, allées, collatéraux ou chapelles ; 2° par les côtés de l'autel qui est en regard. Comme le côté droit de l'autel est le côté gauche des assistants, pour prévenir toute équivoque on dénommera les côtés de l'autel par *côté de l'Épître, côté de l'Évangile*. On mettra donc au haut de chaque page, selon le cas, *Grande nef* ou *allée, collatéral de* ou *chapelle de* la Sainte Vierge, *côté de l'Épître, côté de l'Évangile*.

3° A la suite de la partie affectée à chaque rang de bancs dans le registre, il sera bon de laisser quelque espace libre pour y inscrire de nouveaux bancs, dans le cas où le nombre en serait plus tard augmenté.

4° Si la Fabrique est dans l'usage de concéder simplement *une place* dans un banc sans désigner une place particulière et sans accorder au concessionnaire le droit d'occuper dans ce banc une place plutôt qu'une autre, le numéro de la place désignera, non plus une place déterminée, mais simplement le rang d'inscription assigné au concessionnaire ; et chaque concessionnaire successif prendra le rang d'inscription, et, par conséquent, le numéro primitivement assigné à celui auquel il succède. Si Pierre, par exemple, occupait le troisième rang dans l'ordre d'inscription des concessionnaires de places dans le banc, tous ceux qui lui succéderont dans ce banc prendront le même rang d'inscription et seront, comme Pierre, inscrits dans la troisième case.

5° Les places anciennement concédées pour la vie sans redevance annuelle peuvent être assimilées aux places concédées avec redevance annuelle rachetée comme rente au taux de cinq pour cent. Pour les unes et les autres, à la suite des chiffres qui expriment la redevance annuelle, on mettra le mot *rachetée* ou simplement la lettre R.

6° Quand la case consacrée à la première place d'un banc ne se trouvera pas au haut de la page, dans la colonne de gauche on mettra un trait horizontal vis-à-vis de la ligne indiquant cette première place, et on écrira verticalement et en descendant : *Banc tel n° contenant* tant de *places*.

7° Quand une place passe à un nouveau concessionnaire, il est inutile d'effacer le nom ni l'article de l'ancien concessionnaire, le dernier inscrit étant toujours le seul en possession. D'un autre côté, il y a avantage à conserver toujours lisibles les anciennes inscriptions ; on s'abstiendra donc de toute rature, à moins qu'il ne s'agisse de rectifier une erreur.

8° Pour faciliter les recherches, surtout si la paroisse est considérable, il sera bon de dresser, à la fin du registre, une table alphabétique des concessionnaires avec renvoi au *folio* de leur enregistrement. Si on veut indiquer la page, on le fera en mettant après le chiffre du *folio* : soit R et V, initiales des mots *recto* et *verso*, soit *a* et *b* ou 1 et 2, pour indiquer la première et la deuxième page du *folio*.

9° Le registre des concessionnaires de places doit être tenu par le Bureau des Marguilliers ; les inscriptions devraient régulièrement être faites en séance, et, dans tous les cas, ne doivent se faire qu'en vertu et en conformité des procès-verbaux d'adjudication, qui seuls font foi et qu'il ne faut jamais omettre de dresser sur le registre des délibérations du Bureau.

(13) Cette instruction se place au commencement du registre.

Côté de l'E

Banc N° Contenant places.						Fr.	Cent.
			PLACE.				
Concédée le	18	à		pour	moyennant la redevance annuelle de		
Concédée le	18	à		pour	moyennant la redevance annuelle de		
Concédée le	18	à		pour	moyennant la redevance annuelle de		
Concédée le	18	à		pour	moyennant la redevance annuelle de		
Concédée le	18	à		pour	moyennant la redevance annuelle de		
Concédée le	18	à		pour	moyennant la redevance annuelle de		
Concédée le	18	à		pour	moyennant la redevance annuelle de		
Concédée le	18	à		pour	moyennant la redevance annuelle de		
Concédée le	18	à		pour	moyennant la redevance annuelle de		
Concédée le	18	à		pour	moyennant la redevance annuelle de		
			PLACE.				
Concédée le	18	à		pour	moyennant la redevance annuelle de		
Concédée le	18	à		pour	moyennant la redevance annuelle de		
Concédée le	18	à		pour	moyennant la redevance annuelle de		
Concédée le	18	à		pour	moyennant la redevance annuelle de		
Concédée le	18	à		pour	moyennant la redevance annuelle de		
Concédée le	18	à		pour	moyennant la redevance annuelle de		
Concédée le	18	à		pour	moyennant la redevance annuelle de		
Concédée le	18	à		pour	moyennant la redevance annuelle de		
Concédée le	18	à		pour	moyennant la redevance annuelle de		
Concédée le	18	à		pour	moyennant la redevance annuelle de		
			PLACE.				
Concédée le	18	à		pour	moyennant la redevance annuelle de		
Concédée le	18	à		pour	moyennant la redevance annuelle de		
Concédée le	18	à		pour	moyennant la redevance annuelle de		
Concédée le	18	à		pour	moyennant la redevance annuelle de		
Concédée le	18	à		pour	moyennant la redevance annuelle de		
Concédée le	18	à		pour	moyennant la redevance annuelle de		
Concédée le	18	à		pour	moyennant la redevance annuelle de		
Concédée le	18	à		pour	moyennant la redevance annuelle de		
Concédée le	18	à		pour	moyennant la redevance annuelle de		
Concédée le	18	à		pour	moyennant la redevance annuelle de		

N° 22. Registre de perception du prix des places de bancs.

N° des bancs.	Nombre des places de chaque banc.	N° des places de chaque banc.	NOMS DES CONCESSIONNAIRES.	Redevance annuelle.	SOMMES REÇUES EN										
					18	18	18	18	18	18	18	18	18	18	18
1	2	3	4	5											
				F. C.	F. C.	F. C.	F. C.	F. C.	F. C.	F. C.	F. C.	F. C.	F. C.	F. C.	F. C.
			Report d'autre part . .												
			Total. . .												

EXERCICE DE 185 . *RECETTES.* FOLIO

Report d'autre part. f. c.

[N° de la Quittance] [Art. du budget.]

Le 185 , reçu de

M. la somme

de , ci

pour , d'après

l'article du budget des recettes de 185 .

———

[N° de la Quittance.] [Art. du budget.]

Le 185 , reçu de

M. la somme

de , ci

pour , d'après

l'article du budget des recettes de 185 .

———

[N° de la Quittance .] [Art. du budget.]

Le 185 , reçu de

M. la somme

de , ci

pour , d'après

l'article du budget des recettes de 185 .

Total à reporter.

CONSEIL DE FABRIQUE.

QUITTANCE. **FABRIQUE DE L'ÉGLISE ST** **D**

EXERCICE DE 185

N° de la Quittance.

Art. du budget des recettes.

MONTANT de la somme reçue. f. c.

Je, soussigné, Trésorier de la Fabrique, reconnais avoir reçu de M. la somme de , pour , d'après l'article du budget des recettes de 185 . Le mil-huit cent-cinquante

Le Trésorier de la Fabrique,

QUITTANCE. **FABRIQUE DE L'ÉGLISE ST** **D**

EXERCICE DE 185

N° de la Quittance.

Art. du budget des recettes.

MONTANT de la somme reçue. f. c.

Je, soussigné, Trésorier de la Fabrique, reconnais avoir reçu de M. la somme de , pour , d'après l'article du budget des recettes de 185 , Le mil-huit cent-cinquante

Le Trésorier de la Fabrique,

QUITTANCE. **FABRIQUE DE L'ÉGLISE ST** **D**

EXERCICE DE 185

N° de la Quittance.

Art. du budget des recettes.

MONTANT de la somme reçue. f. c.

Je, soussigné, Trésorier de la Fabrique reconnais avoir reçu de M. la somme de , pour , d'après l'article du budget des recettes de 185 , Le mil-huit cent-cinquante

Le Trésorier de la Fabrique,

N° 32. Registre de mandats à souche.

Instruction sur la délivrance des mandats de payement (14).

1° Aucune dépense, même autorisée et régulièrement effectuée, ne doit être payée des deniers et pour le compte de la Fabrique sans que le payement en ait été préalablement mandaté, conformément à la décision préalable du bureau, par un *ordonnateur*, dont les fonctions sont incompatibles avec celles de *payeur*. Les fonctions d'ordonnateur des payements sont remplies, sous la direction du bureau, par son président, et celles de payeur par le trésorier.

2° On nomme mandat de payement ou simplement *mandat*, l'ordre écrit donné par le président du bureau au trésorier de payer une certaine somme à la personne qui y est dénommée. Ce mandat devient *quittance* pour le trésorier par *l'acquit* apposé au bas par le créancier au profit duquel il a été délivré.

3° Le mandat doit indiquer : 1° le nom et la qualité ou profession du créancier de la Fabrique au profit duquel il est délivré, 2° la somme à payer écrite en toutes lettres ; 3° l'objet de la dépense ; 4° l'exercice auquel il se rapporte ; 5° l'article du budget auquel il s'applique. — Les crédits supplémentaires alloués en dehors du budget ont pour objet ou une dépense déjà inscrite au budget, mais avec un crédit insuffisant, ou une dépense non inscrite au budget : dans le premier cas le crédit supplémentaire se rattache à l'article du budget dont il est le complément, comme on le voit pages 53 et 57, colonne 10 et p. 63, art. 10, colonnes 3 et 8 ; dans le second cas, le crédit se rattache à l'article du budget intitulé : *dépenses imprévues,*, comme on le voit p. 53 et 57, colonne 13 et p. 63, art. 13, colonnes 3 et 8. De cette manière, il n'y a jamais sujet de changer, tant dans le compte que dans le livre des comptes ouverts, ni l'ordre ni le nombre des articles du budget. — Les crédits alloués en dehors du budget pour achat d'*objets mobiliers d'église* non inscrits au budget se rattachent toujours à l'article VII de l'état des dépenses intérieures de la célébration du culte, sous la désignation d'*achats divers* et à l'article 1 du titre des dépenses, p. 1 et 3 du budget et du compte.

Chaque mandat doit porter un numéro particulier, et les numéros former une seule série sans aucune interruption de nombre dans tout le cours de l'exercice.

4° Les mandats sont délivrés au profit, soit du créancier direct de la Fabrique, soit du tiers qui aurait fait les avances sur une autorisation régulière. Pour que le mandat puisse être délivré au profit d'un tiers, il faut que celui-ci joigne aux pièces justificatives ci-dessous indiquées la quittance du créancier direct de la Fabrique.

5° Avant de délivrer un mandat, l'ordonnateur doit s'assurer : 1° que la dépense est autorisée ; 2° que les droits de celui qui en réclame le payement sont certains.

6° Le payement des traitements et gages des officiers et autres employés de l'église se mandate ordinairement sans exiger d'eux la production d'aucune pièce justificative, par la raison que les droits de ces employés, résultant d'un service public, sont le plus souvent suffisamment connus de l'ordonnateur, et, dans tous les cas faciles à constater. On peut ne délivrer qu'un seul mandat collectif pour tous les employés en y joignant un état d'émargement indiquant la somme à payer à chacun comme on le voit p. 37.

7° Le payement des dépenses concernant les acquisitions et réparations d'objets mobiliers se mandate sur le vu : 1° du marché arrêté par le bureau, si la dépense a fait l'objet d'un marché ; 2° de la commande du trésorier ; 3° de la facture ou mémoire du marchand ou artisan ; 4° du certificat de réception des objets fournis ou réparés (p. 33 et 34). Cette réception se fait ordinairement soit par M. le Curé, soit par le sacristain, soit par le trésorier, soit enfin par un délégué spécial du bureau. Quand la livraison a été faite au trésorier lui-même, son certificat de réception dispense de produire sa commande. *Dans tous les cas le seul visa approbatif apposé par le trésorier au bas d'un mémoire, supplée suffisamment sa commande et son certificat de réception* [(p. 15). Ce visa se formule de l'une des manières suivantes, selon qu'il y a, ou non, lieu à modification : *Vu, vérifié et* APPROUVE *le présent mémoire, montant à la somme de....* — *Vu et vérifié le présent mémoire* RÉGLÉ *à la somme de... Signature.*)

8° Le payement des dépenses concernant les travaux se mandate, selon les divers cas, ou sur le vu du marché et du procès-verbal de réception des travaux, ou simplement sur le vu du mémoire de l'ouvrier réglé par celui que le bureau a chargé de la surveillance, direction et réception des travaux (*p. 34 formule n° 13*).

9° Les factures et mémoires devant être rédigés sur papier timbré au timbre de 35 centimes, *l'acquit* mis au bas dispense le trésorier de tirer une autre quittance timbrée (p. 18) ; mais il ne faut pas perdre de vue que la loi excepte du droit et de la formalité du timbre : 1° toutes quittances relatives aux traitements qui ne dépassent pas 300 fr. ; 2° toutes autres quittances qui n'excèdent pas 10 fr., à moins qu'il ne s'agisse d'un à-compte ou d'une quit- tance finale sur une somme excédant 10 fr.

10° Quand une dépense allouée exige un léger excédant de crédit, on peut imputer cet excédant sur la somme allouée au budget à titre de *dépenses imprévues,* et ne recourir à une autorisation supplémentaire que quand cette somme est épuisée. Ces emprunts faits à l'article des dépenses imprévues au profit d'une dépense déjà inscrite au budget, mais avec un crédit insuffisant, s'indiquent pour mémoire au crayon, ou mieux en encre de couleur, dans le *grand-livre* ou *livre des comptes ouverts.* Cette précaution est nécessaire : 1° pour connaître en tout temps le montant de ces emprunts, et n'être pas exposé à dépasser les limites de la somme allouée à titre de dépenses imprévues ; 2° pour éviter le double emploi qui résulterait de leur addition avec les autres chiffres de la même colonne. Dans nos modèles de la *comptabilité figurée* p. 53, col. n° 13, et p. 57, col. 13, nous avons indiqué ces emprunts par des chiffres que nous avons renfermés entre parenthèses, pour avertir qu'ils ne doivent pas être compris dans les additions.

11° L'ordonnateur ne doit se servir, pour la délivrance des mandats, que du registre à souche. Le mandat se détache de la souche, sur laquelle il doit être enregistré. Cette souche reste entre les mains du président du bureau, et, lorsqu'elle est entièrement remplie, elle est déposée et conservée avec soin dans les archives de la Fabrique, afin que l'on puisse y recourir au besoin.

12° Le président du bureau doit tenir, pour l'inscription des payements qu'il mandate, un *journal-grand-livre* dressé au commencement de chaque année d'après le budget de l'exercice, et disposé comme celui du trésorier, excepté qu'il ne comprend que les dépenses (p. 52 et 53). Au moyen de ce registre, l'ordonnateur peut, à tout instant et d'un seul coup-d'œil, se rendre compte des mandats qu'il a déjà délivrés et de ceux qui lui restent à délivrer sur chaque article des dépenses de la Fabrique.

13° Les pièces justificatives produites par le créancier doivent rester annexées au mandat, pour le tout être remis au trésorier.

14° Les payements faits par le trésorier sans mandat de l'ordonnateur ne doivent être considérés que comme des avances personnelles, dont le remboursement, sur les deniers de la Fabrique, ne peut avoir lieu qu'après l'accomplissement des formalités omises.

15° Quand le créancier est étranger à la localité, il peut éprouver quelque embarras pour se procurer le mandat, en obtenir le payement et y apposer son acquit. Tout embarras disparaît quand on se rappelle que l'acquit mis au bas du mandat peut être remplacé par l'acquit mis au bas de la facture ou du mémoire, et qu'en tous cas le mandat peut être délivré au nom soit du créancier direct de la Fabrique, soit du tiers qui aurait fait les avances. — Dans le mandat, à défaut de la signature au bas du *pour acquit*, on la remplacera par ces mots : *Voir la quittance n°* , ou *la facture quittancée n°* , ou *le mémoire quittancé n°* .

<hr>

(14) Cette instruction se place au commencement du registre.

REGISTRE DE MANDATS A SOUCHE.

EXERCICE DE 185 . *DÉPENSES.* FOLIO.

Report d'autre part.   f. c.

[N° du Mandat   ] [Art.   du budget.]

Le   185 , délivré à
M.   un
mandat de la somme de
                          , ci.
à lui due pour
                          , d'après
l'article   du budget des dépenses de 185 .

____

[N° du Mandat   ] [Art.   du budget.]

Le   185 , délivré à
M.   un
mandat de la somme de
                          , ci.
à lui due pour
                          , d'après
l'article   du budget des dépenses de 185 .

____

[N° du Mandat   ] [Art.   du budget.]

Le   185 , délivré à
M.   un
mandat de la somme de
                          , ci.
à lui due pour
                          , d'après
l'article   du budget des dépenses de 185 .

Total à reporter. . .

CONSEIL DE FABRIQUE.

MANDAT
DE PAIEMENT.
—o—
Exercice de 185 .
N° du MANDAT
ART.
DU BUDGET
des dépenses.
MONTANT
DU MANDAT.
f.   c.
PIÈCES
JUSTIFICATIVES
annexées
au Mandat.

FABRIQUE DE L'ÉGLISE ST.   D

M. le Trésorier de la Fabrique payera à M   la
somme d   , à lui
due pour   , d'après
l'article   du Budget des dépenses de 185 .
Ladite somme sera allouée en dépense au Trésorier dans son compte de
185 , au vu du présent Mandat dûment quittancé.

Délivré le   185 .

Le président du Bureau,

Pour acquit de la somme ci-dessus
énoncée, le   185 .

MANDAT
DE PAYEMENT.
—o—
Exercice de 185 .
N° du MANDAT
ART.
DU BUDGET
des dépenses.
MONTANT
DU MANDAT.
f.   c.
PIÈCES
JUSTIFICATIVES
annexées
au Mandat.

FABRIQUE DE L'ÉGLISE ST.   D

M. le Trésorier de la Fabrique payera à M.   la
somme d   , à lui
due pour   , d'après
l'article   du Budget des dépenses de 185 .
Ladite somme sera allouée en dépense au Trésorier dans son compte de
185 , au vu du présent Mandat dûment quittancé.

Délivré le   185 .

Le président du Bureau,

Pour acquit de la somme ci-dessus
énoncée, le   185 .

MANDAT
DE PAYEMENT.
—o—
Exercice de 185 .
N° du MANDAT
ART.
DU BUDGET
des dépenses.
MONTANT
DU MANDAT.
f.   c.
PIÈCES
JUSTIFICATIVES
annexées.
au Mandat.

FABRIQUE DE L'ÉGLISE ST.   D

M. le Trésorier de la Fabrique payera à M.   la
somme d   , à lui
due pour   , d'après
l'article   du Budget des dépenses de 185 .
Ladite somme sera allouée en dépense au Trésorier dans son compte de
185 , au vu du présent Mandat dûment quittancé.

Délivré le   185 .

Le président du Bureau,

Pour acquit de la somme ci-dessus
énoncée, le   185 .

TROISIÈME PARTIE.

COMPTABILITÉ FIGURÉE D'UNE FABRIQUE.

ANALYSE DES TITRES DE CRÉANCE DE LA FABRIQUE DE L'ÉGLISE SAINT-PIERRE DE LAVILLENEUVE,

DRESSÉE PAR LE BUREAU EN 1845.

N° 1. Certificat d'inscription de 80 fr. de rente nominative 5 0/0 sur l'État, avec jouissance du 22 mars 45, portant n° 68930, série 8, talon n° 78486, transfert n° 15878. — Cette rente est payable en deux mes égaux, le 22 mars et le 22 septembre de chaque année (Sommier des titres, n°   ).

bservations. — Cette rente provient de la fondation de N... et de celle de N..., pour l'acquit desquelles la Fabrique *ense annuellement 36 fr.*

N° 2. Certificat d'inscription de 100 fr. de rente au porteur 5 0/0 sur l'État, avec jouissance du 22 mars 41, portant n° 8203, transfert n° 9759. — Cette rente est payable en deux termes égaux le 22 mars et 22 septembre de chaque année (Sommier des titres, n°   ).

bservations. — Cette rente provient des économies faites par la Fabrique.

N° 3. Certificat d'inscription de 20 fr. de rente au porteur 5 0/0 sur l'État, avec jouissance du 22 sep- bre 1844, portant n° 8340, transfert n° 9985.—Cette rente est payable en deux termes égaux, le 22 mars e 22 septembre de chaque année (Sommier des titres, n°   ).

bservations. — Cette rente provient d'un don sans charge fait par une personne qui veut rester inconnue.

N° 4. Constitution d'une rente annuelle et perpétuelle de 100 fr. payable en deux termes égaux, le janvier et le 1er juillet de chaque année, souscrite par Vincent Thiéry de N... et son épouse, suivant e passé le 1er juillet 1818 devant N..., notaire à N..., et inscrite au bureau des hypothèques le 8 du me mois (Sommier des titres, n°   ).

bservations. — L'inscription hypothécaire a été renouvelée le 7 juillet 1838, et devra l'être encore avant l'expiration du uillet 1848. — Le titre lui-même devra être renouvelé aux frais du débiteur dans l'intervalle du 1er juillet 1846 au juillet 1848, conformément aux dispositions de l'art. 2263 du Code civil.

N° 5. Obligation hypothécaire d'un capital de 600 fr. souscrite par Jean-Baptiste Dubois de N.... et épouse, portant intérêt à 5 0/0 payable le 10 janvier de chaque année jusqu'au remboursement, qui erra le 10 janvier 1846 ; suivant acte passé le 10 janvier 1826 devant N..., notaire à N..., et inscrit au eau des hypothèques le 12 janvier 1826 (Sommier des titres, n°   ).

bservations. — Ce capital provient de la fondation de N..., pour l'acquit de laquelle la Fabrique dépense annuellement fr. — L'inscription hypothécaire a été renouvelée le 12 janvier 1836, et devra, à défaut de remboursement, l'être encore nt l'expiration du 12 janvier 1846.—Cette créance a été remboursée à son échéance, et le capital replacé avec hypothèque N.... de N.... et son épouse, par acte passé le 15 janvier 1846, devant N..., notaire à N..., et inscrit au bureau des othèques le 23 janvier 1846, conformément aux prescriptions de l'acte de fondation (Voir le sommier des titres, n°   ).

N° 6. Billet de 600 fr. souscrit par Jean Gérard et son épouse, le 3 janvier 1843, et portant intérêt à /0 payable le 3 janvier de chaque année jusqu'au remboursement qui écherra le 3 janvier 1853 (Sommier s titres, n°   ).

bservations.

N° 7. Bail à ferme du pré de l'Étang, loué pour 9 ans à Paul Bernard moyennant la redeva:
annuelle de 75 fr. payable le 1ᵉʳ octobre, suivant le procès-verbal d'adjudication du 2 janvier 1845 (Somm
des titres, n°   ).

Observations. — Ce pré provient de la fondation de N..., pour l'acquit de laquelle la Fabrique dépense annuellem
40 fr. 75 c. — Il était précédemment affermé à N.... pour la somme annuelle de 65 fr.

N° 8. Bail à ferme du pré de la Noue, loué pour 6 ans à Etienne Remy moyennant la redevance annue
de 30 fr. payable le 1ᵉʳ octobre, suivant le procès-verbal d'adjudication du 1ᵉʳ mars 1840 (Sommier
titres, n°   ).

Observation. — Il devra être procédé à une nouvelle adjudication en 1846.

N° 9. Bail à ferme d'une pièce de terre labourable de la contenance de.... sise à N..., lieu dit N.
louée pour 12 ans à Pierre Collin, moyennant la redevance annuelle de 15 fr. payable le 11 novemb
suivant le procès-verbal d'adjudication du 1ᵉʳ octobre 1840, et l'acte sous seing privé du.... (Sommier
titres, n°   ).

Observations.

N° 10. Bail à ferme du terrage de N..., loué pour 18 ans à Paul Bernard moyennant la redevan
annuelle de 50 fr. payable le 11 novembre, suivant procès-verbal d'adjudication du 15 octobre 1843 (So
mier des titres, n°   ).

Observations.— Ce terrage provient de la fondation de N..., pour l'acquit de laquelle la Fabrique dépense annuellem
28 fr. 25 c.

N° 11. Bail authentique de la chapelle Saint-Nicolas, concédé à vie à Nicolas Larivière, pour lui, e
épouse, ses enfants et ses gens de service, moyennant la redevance annuelle de 45 fr. payable le 1ᵉʳ octob:
suivant acte passé le 3 janvier 1845 devant N..., notaire à N.... (Sommier des titres, n°   ).

Observations.

N° 12. Traité intervenu le 1ᵉʳ décembre 1844 entre l'Administration municipale et la Fabrique, d'ap
lequel la Commune doit payer à la Fabrique, à titre d'indemnité, en deux termes égaux, le 1ᵉʳ janvier
le 1ᵉʳ juillet de chaque année, la somme de 50 fr., à la charge pour la Fabrique de faire remonter et condu
l'horloge paroissiale, et de pourvoir à ce que la prière *Angelus* soit sonnée le matin et le soir avec
moyenne cloche, et aux heures réglées de concert entre l'autorité ecclésiastique et l'autorité municip
(Sommier des titres, n°   ).

Observations. — Ce traité, approuvé par décision épiscopale du 12 décembre 1844, et par arrêté de M. le Préfet en d
du 23 du même mois, est fait pour une période de 10 ans, avec cette clause qu'à l'expiration d'une période de 10 ans, u
nouvelle période de même durée continuera de droit, à moins que l'une des deux parties contractantes n'ait fait connaî
officiellement à l'autre, au moins un an auparavant, l'intention de résilier le traité.

NOTA. Il est d'autant plus utile de dresser cette *Analyse des Titres de créance*, que les titres et le sommier, qui en renferme
copie textuelle et intégrale, devant, aux termes de l'art. 54 du Règlement des Fabriques, être conservés dans l'armoire à trois clé
ne peuvent être consultés que difficilement. Cette Analyse sera d'ailleurs un moyen de prévenir des omissions quelquefois irréparab
d'épargner beaucoup de recherches, et d'économiser bien du temps. — On peut se dispenser de recommencer chaque année
travail, en notant tous les ans les changements survenus, et les observations rendues nécessaires, comme nous en donnons
exemple au n. 5. — Si les titres de créance étaient nombreux, il serait bon d'établir autant de chapitres qu'il y aurait d'espèces différer
de titres, et de donner une série particulière de numéros aux articles dont chaque chapitre serait composé. Dans ce cas l'*Etat des Re
nus fixes* devrait rappeler le chapitre et le numéro de l'*Analyse des Titres de créance.*

BUDGET
DES
RECETTES ET DÉPENSES DE L'ÉGLISE ST.-PIERRE DE LAVILLENEUVE
POUR L'EXERCICE DE 1846.

ÉTAT DÉTAILLÉ *des* Dépenses intérieures de la célébration du Culte *à faire pendant l'année 1846, présenté au Bureau des Marguilliers par nous, Curé soussigné, pour servir au projet de Budget de ladite année.*

N°s des subdivisions des dép. intér. de la 1	DÉTAIL DES DÉPENSES INTÉRIEURES DE LA CÉLÉBRATION DU CULTE. 2	MONTANT des dépenses de 1844, d'après le dernier compte rendu. 3 (1)	MONTANT DES DÉPENSES (4). Jugées nécessaires par M. le Curé. 4	Proposées par le Bureau. 5	Admises par le Conseil. 6	Allouées par Monseigneur l'Évêque. 7	OBSERVATIONS de la FABRIQUE. 8	OBSERVATIONS et décisions de Mgr. l'Évêque. 9
	(Cet état doit comprendre : 1° les objets de consommation, tels que la matière du saint Sacrifice, le luminaire, le sel, l'encens, le charbon, le bois pour le chauffage de la sacristie ; 2° l'entretien du mobilier de l'église, tel que le blanchissage et raccommodage du linge, les réparations à faire aux vases sacrés, ornements, linge, livres, meubles et ustensiles de l'église et de la sacristie, les acquisitions à faire pour leur renouvellement et leur remplacement.)	FR. C.	FR. C.	FR. C.	FR. C.	FR. C.	ART. I. Fourni par abonnement à forfait. ART. III. Le Sacristain fournit le charbon, les mèches, les veilleuses, le sel et les balais nécessaires. moyennant la somme de 5 fr. réglée par abonnement à forfait. ART. V. Prix réglé par abonnement à forfait. ART. VII. 6°. L'Église possédant déjà trois grosses cloches bien harmoniées, le Conseil ne juge pas nécessaire l'acquisition d'une quatrième.	ART. VII. 6°. Il convient de simplifier la sonnerie autant que possible, dans l'intérêt de la Fabrique et des familles peu aisées, et de réserver la grosse sonnerie pour les grandes solennités. Une petite cloche, que le servant de messe peut le plus souvent sonner sans rétribution, est très-avantageuse, en ce qu'elle dispense dans bien des cas de payer un sonneur. Cette considération nous détermine à allouer cette dépense.
I	Pains d'autel et vin pour le saint Sacrifice....	20 »	20 »	20 »	20 »	20 »		
II	Cire, huile, chandelle................	132 50	135 »	135 »	135 »	135 »		
III	Encens, charbon, mèches, veilleuses et autres menus objets de consommation.........	17 25	15 »	15 »	15 »	15 »		
IV	Chauffage de la Sacristie pour son assainissement.	18 »	20 »	20 »	20 »	20 »		
V	Blanchissage et raccommodage du linge.....	35 »	35 »	35 »	35 »	35 »		
VI	Réparat. du mobilier de l'Église et de la Sacristie	73 25	50 »	50 »	50 »	50 »		
VII	Achat des objets mobiliers dont le détail suit : ..	285 50						
	1° Un *Missel*, une garniture de canons d'autel, un *Pastoral*, deux petits livres de chant et un *Ordo*.	» »	45 »	45 »	45 »	45 »		
	2° Une douzaine et demie de *Purificatoires*, une demi-douzaine d'amicts, et une *Barrette*. ...	» »	18 »	20 »	20 »	20 »		
	3° Six *Aubes* et six *Ceintures* pour les enfants de chœur.................	» »	20 »	20 »	25 »	25 »		
	4° Cent-soixante quinze mètres de tentures blanches, rouges et noires, pour les Baptêmes, Mariages et Services funèbres, à 70 cent. le mètre, façon comprise..................	» »	122 50	125 »	125 »	125 »		
	5° Deux *Prie-Dieu* munis de leur tapis et voile pour les Mariages de la classe supérieure. ...	» »	40 »	40 »	40 »	40 »		
	6° Achat et pose d'une cloche de 90 kilog. pour les sonneries des jours ouvriers, y compris le battant, le mouton tout ferré et la corde.....	» »	315 »	315 »	» »	315 »		
	7° Achats divers.................	» »	» »	» »	» »	» »		
	Total des dépenses intérieures de la célébration du culte (2).	581 50	835 50	840 »	530 »	845 »		

roposé par nous, Curé soussigné, le présent État de dépenses, montant à la somme de *huit cent-trente-cinq francs cinquante centimes*, ci . . . . 835 fr. 50 c.

LAGRANGE, Curé de Lavilleneuve.

(1) On doit porter dans cette colonne 3 du Budget les chiffres de la colonne 4 du mpte. La même observation s'applique aux colonnes 3 des pages 2 et 3 du Budget.

(2) Le total des *Dépenses intérieures de la célébration du Culte* forme le premier article des dépenses du Budget (*Voir* page 3 du Budget).

Budget.   **Titre Iᵉʳ. RECETTES.**

Numéros des articles du Budget.	DÉSIGNATION DES RECETTES.	MONTANT des RECETTES de 1844, d'après le dern. compte rendu.		MONTANT DES RECETTES. (4) Proposées par le Bureau.		Admises par le Conseil.		OBSERVATIONS de la FABRIQUE.	OBSERVATIONS et Décisions de Mgr L'ÉVÊQUE
1	2	3 (4)		4		5		6	7
		F.	C.	F.	C.	F.	C.		
	CHAPITRE PREMIER. **Recettes ordinaires.** (Ce chapitre doit comprendre les recettes soit fixes, soit variables, qui sont de nature à se reproduire tous les ans, — On n'y fait figurer que le produit de l'année dont on dresse le budget; les arrérages à recouvrer des années antérieures se portent au chapitre des *recettes extraordinaires*.)							Arт. 1. Ces 45 fr. sont dus ainsi qu'il suit : Par P. Callin . . . . . 45 f. Par Et. Remy 30	
1	Produit annuel des biens-fonds non chargés de fondations. . . . . , . . .	45	»	45	»	45	»		
2	— des rentes non chargées de fondations . . .	230	»	250	»	250	»	Arт. 2. Il a été acheté, en 1845, 20 fr. de rentes sur l'Etat — Ces 250 fr. sont dus ainsi qu'il suit : Par l'Etat . . . . 120 f. Par V. Thiéry . . . . . 100 Par J. Gérard 30	
3	— des biens-fonds chargés de fondations. . . .	115	»	125	»	125	»		
4	— des rentes chargées de fondations	70	»	110	»	110	»	Arт. 3. Le bail du pré de l'Etang a été renouvelé en 1845 pour 9 ans, et le fermage augmenté de 10 fr.	
5	— de la concession de chapelles et de tribunes.	»	»	45	»	45	»	Ces 125 fr. sont dus par Paul Bernard, savoir :	
6	— de la location des places de banc et des chaises de l'église	903	50	950	»	950	»	Pour le pré de l'Etang. 75 f. Pour le terrage de N. . 50	
7	— des quêtes pour les frais du culte . . , . . .	262	25	250	»	250	»	Arт. 4. Une nouvelle fondation produisant un revenu de 10 fr. a été faite en 1845.	
8	— des troncs placés dans l'église pour les frais du culte	25	15	25	»	25	»	Ces 110 fr. sont dus ainsi qu'il suit :	
9	— des oblations en usage dans la paroisse. . . .	68	60	65	»	65	»	Par l'Etat . . . . 80 f. Par J.-B. Dubois. . . . 30	
10	— des droits casuels de la Fabrique dans les services religieux et les frais d'inhumation. .	211	20	215	»	215	»		
11	— de la cire vendue par la Fabrique	185	30	180	»	180	»	Arт. 5. La chapelle St-Nicolas a été concédée en 1845 à M. Larivière, pour sa vie, moyennant une redevance annuelle de 15 fr.. avec faculté d'y construire à ses frais pour sa famille et ses gens de service, deux bancs, qui resteront propriété de la fabrique.	
12	— des fruits spontanés du cimetière	15	»	»	»	»	»		
13	Supplément annuel donné par la commune . . .	»	»	50	»	50	»		
	Total des recettes ordinaires . . .	2131	»	2310	»	2310	»		
	CHAPITRE II. **Recettes extraordinaires.** (Ce chapitre doit comprendre : 1° le montant présumé des arrérages à recouvrer des exercices antérieurs; 2° les dons et legs à recueillir; 3° les remboursements de créances; 4° toutes autres recettes non annuelles; 5° les recettes imprévues.)							Arт. 12. Les fruits spontanés du cimetière, évalués 15 fr., sont abandonnés au sonneur pour compléter son traitement.	
14	Arrérages à recouvrer des exercices antérieurs. .	14	50	»	»	»	»	Arт. 13. Cette somme est accordée à la fabrique par la commune à titre d'*indemnité*, et non de *secours*, à la charge pour la fabrique de faire remonter et conduire l'horloge paroissiale, et de pourvoir à ce que l'*Angélus* soit sonné le matin et le soir avec la moyenne cloche, et aux heures réglées de concert entre l'autorité ecclésiastique et l'autorité municipale, heures très-gênantes pour le sonneur, qui jusque-là n'avait pas de traitement fixe, et qu'il faut indemniser.	
15	*Remboursement du capital dû par J.-B. Dubois* .	»	»	600	»	600	»		
16	Recettes imprévues (3)	40	»	»	»	»	»		
	Total des recettes extraordinaires.	54	50	600	»	600	»		
	Total des recettes ordinaires	2131	»	2310	»	2310	»	Arт. 15. Ce capital provient de la fondation de N.	
	Total général des recettes de l'exercice.	2185	50	2910	»	2910	»		

(3) On ne propose aucune somme pour cet article, qu'on ne porte au Budget que pour lui a signer sa place et son numéro dans le Livre des comptes ouverts et dans le Compte général de l'exercice.

(4) Dans le Budget les revenus dont la quotité est fixe s'évaluent d'après leur produit réel; ceux dont la quotité est variable s'évaluent, à moins de circonstances particulières, d'après le produit moyen des trois dernières années. Cette règle s'applique également à l'évaluation des dépenses ordinaires (*Voir* pages 1 et 3 du budget).

Titre 2e. DÉPENSES.

	DÉSIGNATION DES DÉPENSES.	MONTANT des DÉPENSES de 1844, d'après le dern. compte-rendu.	MONTANT DES DÉPENSES (4). Proposées par le Bureau.	Admises par le Conseil.	Allouées par Monseign. l'Évêque.
2		3 (1)	4	5	6
	CHAPITRE PREMIER.				
	Dépenses ordinaires.				
	(Ce chapitre doit comprendre : 1° les dépenses intérieures de la célébration du culte; 2° le supplément de traitement de M. le Curé, s'il y a lieu; 3° le traitement des vicaires; 4° les honoraires des prédicateurs. [Dans les paroisses où cette dépense n'est pas annuelle, elle se porte au chapitre suivant]; 5° les gages des officiers et serviteurs de l'église; 6° l'acquit des fondations; 7° les contributions; 8° le prélèvement sur le produit des bancs et chaises en faveur de la caisse ecclésiastique, le cas échéant; 9° les frais d'administration et de bureau; 10° les menues réparations de l'église.)				
1	Dépenses intérieures de la célébration du culte, et dont le détail est d'autre part . .	581 50	840 »	530 »	845 »
2	*Supplément de traitement de M. le Curé* . .	250 »	250 »	250 »	250 »
3	*Traitement du sonneur*	» »	35 »	35 »	35 »
4	*Traitement du chantre*	30 »	50 »	50 »	50 »
5	*Traitement du sacristain*	30 »	30 »	30 »	30 »
6	*Acquit des fondations*	104 50	120 »	120 »	120 »
7	*Contributions*	22 30	22 50	22 50	22 50
8	*Frais d'administration et de bureau*. . . .	16 35	16 »	16 »	16 »
9	*Menues réparations de l'église*	25 85	25 »	25 »	25 »
	TOTAL DES DÉPENSES ORDINAIRES . . .	1060 50	1388 50	1078 50	1393 50
	CHAPITRE II.				
	Dépenses extraordinaires.				
	(Ce chapitre doit comprendre : 1° le montant présumé des dettes à payer des exercices antérieurs; 2° l'emploi des capitaux provenant de dons, de legs, de remboursement de créances; 3° les dépenses de décoration et d'embellissement intérieur de l'église; 4° les réparations d'entretien des édifices paroissiaux; 5° les dépenses imprévues. — Un devis des travaux, dressé par un homme de l'art et approuvé par le Conseil, doit accompagner le budget [5]).				
10	*Réparations à faire aux édifices paroissiaux, d'après le rapport des hommes de l'art*.	320 »	260 »	260 »	260 »
11	*Remploi du capital dû par J.-B. Dubois, qui a fait connaître son intent. de remb.*	» »	600 »	600 »	600 »
12	*Achat de 20 fr. de rente sur les fonds publ.*	» »	490 »	490 »	490 »
13	Dépenses imprévues (6).	75 20	80 »	80 »	80 »
	TOTAL DES DÉPENSES EXTRAORDINAIRES. .	395 20	1430 »	1430 »	1430 »
	TOTAL DES DÉPENSES ORDINAIRES.	1060 50	1388 50	1388 50	1393 50
	TOTAL GÉNÉR. DES DÉP. DE L'EXERCICE .	1455 70	2818 50	2508 50	2823 50

OBSERVATIONS de la FABRIQUE. (7)

ART. 2, Ainsi réglé par décision épiscopale du 8 janvier 1844.

ART. 3, Le sonneur, qui est aussi fossoyeur, est chargé de remonter l'horloge paroissiale. (Voir, pour le complément de son traitement, l'observation sur l'art. 12 des recettes.)

ART. 4. L'augmentation de 20 fr. est motivée sur l'obligation de la part du chantre de donner trois fois la semaine une leçon de chant d'une heure aux enfants de chœur désignés par M. le Curé.

ART. 6. L'augmentation de 15 fr. 50 c. provient d'une nouvelle fondation d'un produit annuel de 40 fr, faite en 1845.

DÉTAIL DES FONDATIONS.

Fondateurs.	Revenus	Charges.
1° N.	40 f. » c.	20 f. 50 c
2° N.	30 »	15 »
3° N.	50 »	28 25
4° N.	75 »	40 75
5° N.	40 »	15 50
Totaux .	235 »	120 »

Ces fondations produisant un revenu de 235 fr., et imposant à la Fabrique une charge de 120 f., lui procurent un bénéfice annuel de 115 fr. L'acquit de ces fondations est réglé par les ordonnances épiscopales des 15 novembre 1812, 10 février 1820, 5 juin 1822, 3 avril 1823 et 7 février 1843, d'après lesquelles la somme de 120 f. à payer par la Fabrique se répartit ainsi qu'il suit :

A M. le Curé.	65 f. » c.
Au Chantre.	12 50
Au Sacristain	10 20
Au Sonneur.	9 »
Aux Enfants de chœur .	3 30
Aux pauvres.	20 »
Total	120 »

ART. 10. Voir le devis ci-annexé dressé le 27 février 1845 par N..., entrepreneur de bâtiments.

Quelques-unes de ces réparations ne pouvant être ajournées sans grave inconvénient, la Fabrique se propose de les faire exécuter en 1845, mais en insérant dans le cahier des charges la clause qu'elles ne seront payées qu'en 1846.

Art. 11. Ce capital provient de la fondation de N.

ART. 12. La Fabrique prévoit pouvoir faire ce placement sans nuire au service de l'exercice.

OBSERVATIONS et Décisions de Mgr L'ÉVÊQUE. (8)

Les fondations ne doivent être acquittées et rétribuées qu'en conformité des Ordonnances épiscopales de règlement. — Toute allocation de dépenses pour cet objet est subordonnée à ces Ordonnances spéciales de règlement.

Les allocations de dépenses consenties par Nous pour travaux d'*art* à exécuter dans l'église, ne dispensent pas la Fabrique de soumettre à notre approbation les projets, plans et devis de ces travaux.

Le Président du Bureau, pour la délivrance des Mandats, et le Trésorier, pour les payements à effectuer, devront se conformer aux dépenses allouées par Nous, sans pouvoir appliquer à un article l'économie obtenue sur un autre.

---

(5) Lorsque la Fabrique ne peut faire à ses frais les réparations nécessaires aux édifices paroissiaux consacrés au culte, au lieu d'en porter la dépense au Budget, il est mieux de ne les y mentionner que pour mémoire et d'en faire l'objet d'une délibération particulière, dans laquelle le Conseil de fabrique constate la nécessité de ces réparations et demande que la commune soit appelée, dans les formes déterminées par les articles 94 et 95 du règlement, à subvenir à la dépense.

(6) Quand une dépense allouée exige un léger excédant de crédit, on peut imputer cet excédant sur la somme allouée à titre de *dépenses imprévues*, et ne recourir à

RÉSUMÉ. [7]

DÉSIGNATION DES TITRES. 1	MONTANT DES SOMMES				MONTANT DES SOMMES d'après le règlement DES DÉPENSES par	
	proposées par LE BUREAU. 2		admises par LE CONSEIL. 3		L'AUTORITÉ DIOCÉSAINE. 4	
	F.	C.	F.	C.	F.	C.
1. Recettes de l'exercice.	2,910	»	2,910	»	2,910	»
2. Dépenses de l'exercice	2,818	50	2,508	50	2,823	50
3. Différence en { excédant	91	50	401	50	86	50
{ déficit						
4. Évaluation approximative de l'en-caisse au commencement de l'exercice.	450	»	450	»	450	»
5. D'où il résulte que l'état de la caisse en fin d'exercice est présumé de- voir être en { excédant de	541	50	851	50	536	50
{ déficit de						

Dressé par Nous, Membres du Bureau des Marguilliers soussignés , le présent projet de Budget, pour être souau Conseil dans sa prochaine session de Quasimodo.

    Fait et signé en séance *le deux* Mars 1845.   (*Signatures des Membres du Bureau.*)

Nous, Membres du Conseil de Fabrique soussignés, vu le présent projet de Budget de l'Eglise *Saint - Pierre Lavilleneuve ,* pour l'exercice de 1846, dressé par le Bureau, en avons examiné les propositions et avons admis
conformément au détail ci-dessus et d'autre part :

    LES RECETTES de l'exercice à la somme de *deux mille neuf cent dix francs,* ci. . . . . 2,910 fr.

    LES DÉPENSES de l'exercice à la somme de *deux mille cinq cent huit francs cinquante*

        centimes , ci. 2,508   50

    L'évaluation approximative de l'en-caisse, au commencement de l'exercice , à *quatre cent*

        cinquante francs , ci. 450   »

    D'où il résulte que l'état de la Caisse en fin d'exercice est présumé devoir être en *excédant* de

huit cent cinquante-un francs cinquante centimes , ci 851   50

    Fait et signé en séance, le *trente* Mars 1845.   (*Signatures des membres du Conseil*).

NOUS, ÉVÊQUE DE N.

    Vu le présent Budget , proposé par le Bureau des Marguilliers et voté par le Conseil de Fbrique pour 1846 , l'approuvons, et en réglons les dépenses tant ordinaires qu'extraordinairà la somme de *deux mille huit cent vingt-trois francs cinquante centimes ,* conformément au détci - dessus et d'autre part.

    N...   , *le vingt-trois Avril* 1845 (9).   (*Signature*).

<hr>

une autorisation supplémentaire que quand cette somme est épuisée. — La Fabrique peut ordinairement voter à titre de dépenses imprévues environ le 20ᵉ de la recette ordinaire.

(7) Sous ce renvoi sont réunies des annotations sur chacun des articles du *Résumé.* — ART. 1ᵉʳ. Cet article est le total général des colonnes 4 et 5 du titre des recettes. (*Voir page* 2 du budget).—ART. 2. Cet article est le total général des colonnes 4, 5 et 6 du titre des dépenses. (*Voir page* 3). — ART. 3. Cet article est la différence qui existe entre les articles 1 et 2. Cette différence est en *excédant* ou en *déficit* selon que le chiffre des recettes est plus grand ou plus petit que le chiffre des dépenses. — ART. 4. C'est l'Encaisse ou Reliquat qui est présumé devoir exister à la fin de l'exercice *courant* et être légué par celui-ci à l'exercice *suivant,* dont on dresse le budget. C'est par cet article que se rattachent l'un à l'autre les budgets de deux années consécutives. — Si les prévisions du budget de l'année courante étaient exactement conformes à la réalité, cet article 4 devrait porter le même *excédant* que l'article 5 du budget de l'année courante ; mais ordinairement le chiffre de cet excédant a besoin d'être rectifié d'après une nouvelle évaluation, qui, étant d'un an au plus rapprochée du terme, est alors plus facile à déterminer. et doit s'éloigner moins de la réalité. — Si on prévoit que l'année courante ne laissera pas un Encaisse ou Reliquat appréciable, il faut l'indiquer par un zéro ou par des guillemets : laisser l'article en blanc dénoterait, non

pas un Encaisse ou Reliquat nul, mais un *oubli,* ce qui est bien différent pour ce qui ont à examiner et à juger le budget. Cette omission seule suffirait pour justifi de la part de l'autorité civile, le refus de toute subvention qui lui serait demand — Il est à remarquer que l'article 4 ne doit jamais exprimer un *déficit,* lors mê que l'article 5 du budget précédent en exprimerait un. Cette différence tient à ce le déficit du budget précédent, si celui-ci en présente un, a dû être couvert, soit une subvention communale, soit de toute autre manière, et ne doit plus, par con quent, figurer dans le budget suivant. — ART. 5. Cet article s'obtient en combin l'article 3 avec l'article 4. Si l'article 3 est en excédant, on additionne les deux n bres, et leur *somme* donne l'article 5, lequel présente alors toujours un *excédant.* au contraire l'article 3 est en déficit, on soustrait le plus petit nombre du plus gra et leur *différence* donne l'article 5, lequel présente alors tantôt un *excédant* et tan un *déficit,* selon que le nombre de l'article 4 est plus grand ou plus petit que le no bre de l'article 3.

(8) Le montant des sommes doit être écrit en toutes lettres, et ensuite en chiff

(9) La Fabrique ne doit jamais se dessaisir de la minute du Budget signée l'Autorité diocésaine. Quand elle est obligée de produire son Budget à quelque ministration, c'est en simple expédition certifiée conforme et signée soit par le crétaire du Conseil, soit par le Secrétaire du Bureau.

... DES REVENUS FIXES DE L'ÉGLISE SAINT-PIERRE DE LAVILLENEUVE A RECOUVRER EN 1846.

DATE des ÉCHÉANCES.	NOMS des DÉBITEURS.	NUMÉROS de l'Analyse des Titres de Créance.	Articles du Budget auxquels se rattache le revenu.	MONTANT DES SOMMES dues.	payées.	NUMÉROS du Journal des Recettes de 1846.	OBSERVATIONS.
2	3	4	5	6	7	8	9
				fr. c.	fr. c.		
1 Janvier	La commune.	12	13	25 »			(Art. 2.) Le titre portant la date du 1er juillet 1818 devra être renouvelé aux frais du débiteur dans l'intervalle du 1er juillet 1846 au 1er juillet 1848, conformément aux dispositions de l'art. 2263 du Code civil.
Idem. . . .	Vincent Thiéry. . . .	4	2	50 »			
3 Idem	Jéan Gérard	6	2	30 »			
10 Idem	Jean-Baptiste Dubois.	5	4	30 »			(Art. 4.) Le remboursement du capital écherra le 10 janvier 1846. — En cas de non remboursement, l'inscription hypothécaire devra être renouvelée avant l'expiration du 12 janvier 1846.
22 Mars.	L'État.	1	4	40 »			
Idem. . . .	Idem.	2	2	50 »			
Idem. . . .	Idem.	3	2	10 »			(Art. 5, 6, 7, 10, 11, 12.) Le montant des trois inscriptions de rente sur l'état est de 200 fr., dont 120 fr. sont exempts de charge, et 80 fr. sont grevés de fondation. ⚌ Le Trésorier doit par conséquent percevoir 100 francs chaque semestre.
1 Juillet	La Commune.	12	13	25 »			
Idem. . . .	Vincent Thiéry. . . .	4	2	50 »			
22 Septembre. . .	L'État	1	4	40 »			
Idem. . . .	Idem	2	2	50 »			(Art. 6.) Le certificat d'inscription de rente, étant sur le point d'être dépourvu de ses quittances, doit être renouvelé avant le 22 septembre 1846, afin que la fabrique n'éprouve pas de retard pour la perception de la rente.
Idem. . . .	Idem.	3	2	10 »			
1 Octobre	Paul Bernard.	7	3	75 »			
Idem. . . .	Étienne Remy	8	1	30 »			(Art. 9.) Voir l'observation sur l'art. 2.
Idem. . . .	Nicolas Larivière. . .	11	5	45 »			(Art. 11.) Voir l'observation sur l'art. 6.
11 Novembre. . .	Paul Bernard.	10	3	50 »			(Art. 14.) Le bail expire le 1er mars 1846.
Idem. . . .	Pierre Collin	9	1	15 »			
Arrérages de 1845.	Paul Bernard.	10	14	25 »			

Nota. Le Bureau dresse cet état au commencement de chaque année, et, dans sa séance du premier dimanche de mars, y inscrit les ages à recouvrer de l'exercice précédent, tels qu'ils résultent du compte réglé dans cette même séance. Une copie de cet état est remise ... résorier, qui remplit les colonnes 7 et 8 au fur et à mesure que les recouvrements s'opèrent.

ÉTAT SUPPLÉMENTAIRE DU LIVRE DES COMPTES OUVERTS.

FABRIQUE DE L'ÉGLISE

St.   de

§ VII. *Des dépenses intérieures de la célébration du Culte.*

EXERCICE de 185...

Nos des subdivisions	ACHAT DES OBJETS MOBILIERS DONT LE DÉTAIL SUIT :	MONTANT des dépenses allouées par Mgr. l'Évêque soit au budget, soit par autorisat. suppl.	MONTANT DES DÉPENSES PAYÉES. SOMMES PARTIELLES.	Sommes totales.	Nos des articles du Journal du trésorier, dont se compose le montant des dépenses payées.	OBSERVATIONS.
		fr. c.		fr. c.		
1o	Un Missel, une garniture de canons d'autel, un Pastoral, deux petits livres de chant et un *Ordo*. . . .					
2o	Une douzaine et demie de Purificatoires, une demi-douzaine d'amicts, et une Barrette.					
3o	Six Aubes et six Ceintures pour les enfants de chœur.					
4o	Cent soixante-quinze mètres de tentures blanches, rouges et noires, pour les Baptêmes, Mariages et Services funèbres, façon comprise. . . .					
5o	Deux Prie-Dieu munis de leur tapis et voile pour les Mariages de la classe supérieure.					
6o	Achat et pose d'une petite cloche de 90 kilog. pour les sonneries des jours ouvriers, y compris le battant, le mouton tout ferré et la corde.					
7o						

4.

JOURNAL DES MANDATS DE PAYEMENT. Exercice de 1846

| NUMÉROS | | DATES | DÉSIGNATION DES DÉPENSES. | Montant des dép. mandatées. Au Budget.. 2825 f. 50 c.; Par autor. sup. 280 | | PIÈCES JUSTIFICATIVES ANNEXÉES AUX MANDAT — OBSERVATIONS. |
| Des Mandats de payement. | Du Budget et du Livre des Comptes. | de la Délivrance des Mandats. | | F. | C. | |
1	2	3	4	5		6
		1846				
1	13	4 Janv.	Délivré à N. un mandat de *vingt-cinq francs* pour un coffre-fort à trois clefs destiné à renfermer le numéraire et les archives de la Fabrique, ci.	25	»	Mémoire de l'ouvrier, visé le trésorier.
2	VII 1°	9 id.	— à N. un mandat de 42 fr. 50 c. (10) pour un Missel, une garniture de canons d'autel, un Pastoral, un Graduel in-12, un Vespéral in-12 et un Ordo, ci.	42	50	Facture du marchand visé M. le Curé.
3	11	12 id.	— à N. un mandat de 600 fr. à lui prêtés par la Fabrique en vertu d'une délibération du Conseil en date du....., ci.	600	»	
4	VI	25 Fév.	— à N. un mandat de 20 fr. pour la reliure d'un Missel et de deux gros livres de chant, ci.	20	»	M. de l'ouvr., réglé par le tr
5	VII 5°	28 id.	— à N. un mandat de 12 fr. pour deux prie-dieu en bois de chêne, ci.	12	»	Mém. de l'ouvr., visé par le tr
6	VI	5 Mars	— à N. un mandat de 14 fr. 50 c. pour galons neufs en soie mis à l'ornement rouge des fêtes simples, ci.	14	50	Facture du marchand, visée le trésorier.
7	VII 2°, 3°,4°,5°	8 id.	— à N. un mandat de 190 fr. pour linge, ornements, tentures et autres fournitures, ci.	190	»	Fact. du mar., réglée par M. Curé, chargé de la récep. des o
8	7	9 id.	— au Percept. un m. de 10 fr. à compte sur les contrib. des immeub. de la Fabr., ci.	10	»	
9	2	31 id.	— à M. le Curé un mandat de 62 fr. 50 c. pour le 1er trim. de son suppl. de trait., ci.	62	50	
10	3	id.	— au Sonneur un mandat de 8 fr. 75 c. pour le 1er trimestre de son traitement, ci.	8	75	
11	4	id.	— au Chantre un mandat de 12 fr. 50 c. pour le 1er trimestre de son traitement, ci.	12	50	
12	5	id.	— au Sacristain un mandat de 7 fr. 50 c. pour le 1er trimestre de son traitement, ci.	7	50	
13	III	8 Avril	— à N. un mandat de 7 fr. 50 c. pour encens, ci.	7	50	Fact. du mar., visée par le tr
14	13	10 id.	— à N. un m. de 170 f. à-compte sur celle de 270 f. due pour les gros meub. du presb. ci.	170	»	
15	11	30 id.	— à N. un mandat de 72 fr. pour cire, huile et chandelle, ci.	72	»	3 fact. du mar., visées par le tr
16	III	25 Juin	— au Sacristain un m. de 5 fr. p. les menues fournit. qu'il doit faire pendant l'année, ci.	5	»	
17	6	28 id.	— à M. le Curé, tant pour ses honoraires que pour ceux des employés de l'église, un mandat de 63 fr. 75 c. pour les fondations acquittées dans le cours du 1er semestre, ci.	63	75	
18	V	id.	— à N. un mandat de 17 fr. 50 c. pour le blanchissage et le raccommodage du linge pendant le 1er semestre, ci.	17	50	
19	2	30 id.	— à M. le Curé un mandat de 62 fr. 50 c. pour le 2e trim. de son suppl. de trait., ci.	62	50	
20	1	id.	— à N. un mandat de 10 fr. pour la fourniture des pains d'autel et du vin employés au saint Sacrifice pendant le 1er semestre, ci.	10	»	
21	3	id.	— au Sonneur un mandat de 8 fr. 75 c. pour le 2e trimestre de son traitement, ci.	8	75	
22	4	id.	— au Chantre un mandat de 12 fr. 50 c. pour le 2e trimestre de son traitement, ci.	12	50	
23	5	id.	— au Sacristain un mandat de 7 fr. 50 c. pour le 2e trimestre de son traitement, ci.	7	50	
24	7 (13)	12 Juill.	— au Percepteur un mandat de 14 f. 35 c. pour solde des contributions de la Fabrique, ci.	14	35	Vu le bordereau des contri tions de la Fabrique.
25	13	4 Août	— à N. un mandat de 100 fr. pour solde du prix des gros meubles du presbytère, ci.	100	»	Procès-verbal de réception.
26	VII 6°	22 Sept.	— à N. un mandat de 170 fr. à-compte sur celle de 315 fr. due pour l'acquisition et la pose d'une petite cloche, ci.	170	»	
27	2	30 id.	— à M. le Curé un mandat de 62 fr. 50 c. pour le 3e trim. de son suppl. de trait., ci.	62	50	
28	VII 7°	id.	— à N. un mandat de 100 fr. pour un ornement blanc.	100	»	Fact. du mar., visée par le tr
29	3	id.	— au Sonneur un mandat de 8 fr. 75 c. pour le 3e trimestre de son traitement, ci.	8	75	
30	4	id.	— au Chantre un mandat de 12 fr. 50 c. pour le 3e trimestre de son traitement, ci.	12	50	
31	5	id.	— au Sacristain un mandat de 7 fr. 50 c. pour le 3e trimestre de son traitement, ci.	7	50	
32	6	15 Oct.	— à M. le curé un m. de 20 fr. pour être empl. par lui en aum. selon les int. du fond. ci.	20	»	
33	11	20 Nov.	— à N. un mandat de 53 fr. pour cire, huile et chandelle, ci.	53	»	3 fact. du mar., visées par le tr
34	VII 6°	25 id.	— à N. un mandat de 145 fr. pour solde de celle de 315 fr. prix de la petite cloche, ci.	145	»	Procès-verbal de réception.
35	12	28 id.	— au nom du receveur particulier des finances, un mandat de 488 fr. 50 c. pour achat de 21 fr. de rente sur les fonds publics, ci.	488	50	Duplicata de bordereau déliv par l'agent de change.
36	IV	30 id.	— à N. un mandat de 18 fr. pour deux stères de bois, ci.	18	»	Mém. du fourn., visé par le tr
37	10	11 Déc.	— à N. un mandat de 83 fr. pour fourniture et pose de chêneaux et tuyaux de descente à l'église, ci.	83	»	Mémoire de l'ouvrier, et proc verbal de réception.
38	10 (13)	15 id.	— à N. un mandat de 225 fr. pour les réparations faites aux édifices paroissiaux, en exécution du marché arrêté par le Bureau le..., ci.	225	»	Procès-verbal de réception d travaux.
39	1	26 id.	— à N. un mandat de 10 fr. pour la fourniture des pains d'autel et du vin employés au saint Sacrifice pendant le 2e semestre, ci.	10	»	
40	6	27 id.	— à M. le Curé, tant pour ses honoraires que pour ceux des employés de l'église, un mandat de 36 fr. 25 c. pour les fondations acquittées dans le cours du 2e semestre, ci.	36	25	
41	9	id.	— à N. un mandat de 10 fr. 50 c. pour menues réparations faites dans le cours de l'année à l'église, ci.	10	50	Mémoire de l'ouvrier, visé p le trésorier.
42	V	id.	— à N. un mandat de 17 fr. 50 c. pour le blanchissage et le raccommodage du linge pendant le 2e semestre, ci.	17	50	
43	8	id.	— à N. un m. de 5 fr. pour le recouvrement à domicile du prix des places de banc, ci.	5	»	
44	8	id.	— à N. un mandat de 3 fr. 50 c. pour la visite des édifices paroissiaux et son rapport sur l'état des lieux, ci.	3	50	Mémoire de l'entrepreneur.
45	2	31 id.	— à M. le Curé un mandat de 62 fr. 50 c. pour le 4e trim. de son suppl. de trait., ci.	62	50	
46	3	id.	— au Sonneur un mandat de 8 fr. 75 c. pour le 4e trimestre de son traitement, ci.	8	75	
47	4	id.	— au Chantre un mandat de 12 fr. 50 c. pour le 4e trimestre de son traitement, ci.	12	50	
48	5	id.	— au Sacristain un mandat de 7 fr. 50 c. pour le 4e trimestre de son traitement, ci.	7	50	
49	9	5 J. 1847	— à N. un mandat de 3 fr. 20 c. pour réparations faites aux fenêtres de l'église dans le cours de 1846, ci.	3	20	Mémoire de l'ouvrier visé trésorier.
50	VI	20 id.	— à N., serrurier, un mandat de 6 fr. 50 c. pour diverses réparations faites en 1846 aux meubles de l'église et de la sacristie, ci.	6	50	Mémoire de l'ouvrier visé par trésorier.
51	VI	1 Fév.	— à N., menuisier, un mandat de 8 fr. 50 c. pour diverses réparations faites en 1846 aux meubles de l'église et de la sacristie, ci.	8	50	Mémoire de l'ouvrier visé par trésorier.
52	III	10 id.	— à N. un mandat de 2 fr. 25 c. pour menues fournitures faites par lui en 1846, ci.	2	25	Fact. du mar., visée par le tr
53	8	12 id.	— au Trésorier un m. de 6 fr. 20 c. pour ports de lettres et fournitures de bureau, ci.	6	20	Mémoire du trésorier.
			TOTAL.	3,151	»	

(10) Des difficultés typographiques nous obligent à mettre ici et dans les exemples suivants les nombres en chiffres: mais dans la pratique il faut les mettre en to lettres. Nous en dirons autant des abréviations auxquelles nous avons été obligé de recourir, mais qu'il faut également éviter dans la pratique. La même observ s'applique aux pages 54 et 55.

LIVRE DES COMPTES. DÉPENSES DE 1846.

DÉTAIL DES DÉPENSES INTÉRIEURES DE LA CÉLÉB. DU CULTE. (colonnes I–VII)

- I. — Pain d'autel et vin pour le Saint Sacrifice. Somme allouée : 20 fr.
- II. — Cire, huile, chandelle. Somme allouée : 133 fr.
- III. — Encens, charbon, mèches, veilleuses et autres menus objets de consommation. Somme allouée : 15 fr.
- IV. — Chauffage de la Sacristie. Somme allouée : 20 fr.
- V. — Blanchissage et raccommodage du linge. Somme allouée : 35 fr.
- VI. — Réparation du mobilier de l'église et de la Sacristie. Somme allouée : 50 fr.
- VII. — Achat de vases sacrés, ornements, linge, livres, meubles et ustensiles d'église. Somme allouée : 570 fr.

NUMÉROS DU BUDGET ET DU LIVRE DES COMPTES. (colonnes 1–13)

- 1. — Dépenses intérieures de la célébration du culte. Somme allouée : 845 fr.
- 2. — Supplément de traitement de M. le Curé. Somme allouée : 250 fr.
- 3. — Traitement du Sonneur. Somme allouée : 35 fr.
- 4. — Traitement du Chantre. Somme allouée : 50 fr.
- 5. — Traitement du Sacristain. Somme allouée : 30 fr.
- 6. — Acquit des fondations. Somme allouée : 120 fr.
- 7. — Contributions. Somme allouée : 22 f. 50.
- 8. — Frais d'administ. et de bureau. Somme allouée : 16 fr.
- 9. — Menues réparations de l'église. Somme allouée : 25 fr.
- 10. — Réparat. aux édifices paroissiaux. Somme all. au budg.: 280 f. Par autorisat. suppl.: 40
- 11. — Remploi de capital remboursé. Somme allouée : 600 fr.
- 12. — Achat de rentes sur les fonds publics. Somme allouée : 490 fr.
- 13. — Dépenses imprévues. Somme all. au budg : 60 f. Par autorisat. suppl.: 240

Valeurs en francs et centimes (« marque les centimes nuls) :

I	II	III	IV	V	VI	VII	1	2	3	4	5	6	7	8	9	10	11	12	13
																			25 »
						42 50	42 50												
																	600 »		
					20 »		20 »												
						12 »	12 »												
					14 50		14 50												
						190 »	190 »												
								62 50											
													10 »						
									8 75										
										12 50									
		7 50					7 50												
											7 50								
	72 »						72 »												
		5 »					5 »												170 »
												63 75							
				17 50			17 50												
10 »							10 »												
								62 50											
									8 75										
										12 50									
											7 50								
													14 35						(1 85)
																			100 »
						170 »	170 »												
								62 50											
						100 »	100 »												
									8 75										
										12 50									
											7 50	20 »							
																		488 50	
	53 »						53 »												
						145 »	145 »									83 »			
																225 »			(8 »)
			18 »				18 »												
												36 25							
10 »							10 »								10 50				
														5 »					
				17 50			17 50							3 50					
								62 50											
									8 75										
										12 50									
											7 50								
					6 50		6 50								3 20				
					8 50		8 50												
		2 25					2 25							6 20					
20 »	125 »	14 75	18 »	35 »	49 50	659 50	921 75	250 »	35 »	50 »	30 »	120 »	24 35	14 70	13 70	308 »	600 »	488 50	295 »

OBSERVATION relative aux pages 53, 55 et 57. On a jugé devoir répéter dans le Livre des Comptes, en marge et hors du cadre, les numéros d'ordre des articles du Journal, afin d'établir plus facilement la correspondance des lignes d'une page à l'autre ; mais il sera inutile de le faire dans la tenue des registres imprimés, parce que, ces registres étant tout réglés et les lignes étant suffisamment espacées, la correspondance des lignes d'une page à l'autre y est facile.

JOURNAL DES RECETTES.   Exercice de 1846.

Nos des articles du journal.	Du Budget et du Livre des Comptes.	DATES DES RECETTES.	DÉSIGNATION DES RECETTES.	Montant des recettes effectuées. Total des recettes d'après les évaluat. du budget. 2,910 fr. (f. c.)	de la Fabrique. (En caisse au comm. de l'ex. 628 f. 50)
1	2	3	4	5	6
		1846		f. c.	v.
1	2	4 Janv.	Reçu de Jean Gérard *trente francs* p. intér. échus le 3 de ce mois. Analyse des titres de créance n° 6. Etat des revenus fixes n° 3 ci.	30 »	
2	9	8 id.	Reçu de N. 10 fr. (*) donnés par lui à l'église à l'occasion de la recommandation de sa mère défunte aux prières du prône, ci.	10 »	
3	4, 15	10 id.	Reçu de J.-B Dubois 630 fr., dont 30 fr. pour intérêts échus le 10 de ce mois, et 600 fr. pour le remboursement du capital. Analyse des titres de créance n° 5. Etat des revenus fixes n° 4, ci	630 »	
4	2	7 Févr.	Reçu de Vincent Thiéry 85 fr. à compte sur une rente constituée de 100 fr., payable en deux termes égaux le 1er janvier et le 1er juillet. Analyse des titres de créance n° 4. Etat des revenus fixes nos 2 et 9, ci	85 »	
5	11	11 id.	Reçu des héritiers N. 15 fr. pour la fourniture de douze cierges pesant 5 kilog., ci	15 »	
6	11	12 id.	Reçu 2 kil. 1/4 de cire provenant du luminaire d'enterrement de N. et évaluée ... f... c. (Recette en nature inscrite pour mémoire).	» »	
7	14	15 id.	Reçu de Paul Bernard 25 fr. pour arrérages de son fermage de 1845. Analyse des titres de créance n° 10. Etat des revenus fixes n° 18, ci	25 »	
8	9	24 id.	Reçu de N. 25 fr. donnés à l'église à l'occasion de la consécration de son premier enfant à la sainte Vierge. Le désir du donateur est que ces 25 fr. soient employés à l'acquisition de canons d'autel et d'un Missel pour la chapelle de la sainte Vierge, ci.	25 »	250
9	»	1 Mars	Reçu de la caisse à trois clefs 250 fr. jugés nécessaires au service du 1er trimestre, ci.	» »	
10	11	9 id.	Reçu des héritiers N. 25 fr. pour la fourniture d'un luminaire de 18 cierges pesant ensemble 8 kilog. 1/2, ci.	25 »	
11	11	10 id.	Reçu 4 kilog. de cire provenant du luminaire de l'enterrement de N. et évaluée ..f... c. (Recette en nature inscrite pour mémoire).	» »	
12	2, 4	22 id.	Reçu du Receveur particulier des finances, par l'entremise du Percepteur, 100 fr. pour le 1er semestre de trois rentes 5 0/0 sur l'Etat, l'une de 80 fr. grevée de fondations, les deux autres de 120 fr., exemptes de toute charge. Analyse des titres de créances nos 1, 2, 3. Etat des revenus fixes nos 5, 6, 7	100 »	
13	13	27 id.	Reçu du Percepteur-Receveur municipal 25 fr. à compte sur les 50 fr. dus à la Fabrique par la Commune à titre d'indemnité, suivant l'arrangement intervenu entre le Conseil de fabrique et le Conseil municipal le 1er décembre 1845. Analyse des titres de créance n° 12. Etat des revenus fixes n° 1.	25 »	
14	10	31 id.	Reçu 56 fr., produit des droits casuels pendant le 1er trimestre, d'après le relevé du registre du casuel de la Fabrique, ci.	56 »	
			Recette du premier trimestre, le 31 mars	1,026 »	250
15	16	5 Avril.	Reçu 345 fr. provenant d'une souscription dont le produit est destiné à garnir le presbytère de gros meubles, tels qu'armoire, buffet, couchettes, commodes, cuviers, chaudière à lessive, etc., ci.	345 »	
16	11	12 id.	Reçu de N. 45 fr. pour la fourniture d'un luminaire de 24 cierges pesant 15 kilog., ci	45 »	
17	11	13 id.	Reçu 7 kilog. de cire provenant du luminaire de l'enterrement de N. et évaluée ... f... c. (Recette en nature inscrite pour mémoire)	» »	
18	9	1 Mai.	Reçu de M. le Curé, de la part d'une personne qui veut rester inconnue, 10 fr. donnés par elle à l'église en reconnaiss. d'un bienfait signalé qu'elle a reçu de Dieu. (Elle désire que cette somme soit employée à acheter une clef d'arg. doré pour le tabernacle). ci.	10 »	
19	9	21 id.	Reçu de N. 17 fr. donnés par lui à l'église en action de grâce de la première communion de son fils. (Le vœu du donateur est que cette somme serve à aider la Fabrique à acheter une ombrelle pour l'administration du S. Viatique, ci.	17 »	
20	7	28 Juin.	Reçu de MM. les marguilliers 72 fr. 55 c., produit des quêtes du 1er semestre trouvé dans le tronc particulier des quêtes placé à la sacristie, ci	72 55	
21	8	29 id.	Reçu de MM. les marguilliers 7 fr. 35 c. provenant de la levée des troncs de l'église, ci.	7 35	
22	10	30 id.	Reçu 62 fr. 50 c., produit des droits casuels pendant le 2e trimestre, d'après le relevé du registre du casuel de la Fabrique, ci.	62 50	
			Recette du deuxième trimestre	559 40	
			Report de la recette du trimestre précédent	1,026 »	250
			Total de la recette au 30 juin.	1,585 40	250
23	»	5 Juill.	Reçu de la caisse à trois clefs 220 fr. jugés nécessaires au service du 3e trimestre, ci.	» »	220
24	13	12 id.	Reçu du Percepteur-Receveur municipal la somme de 25 fr. pour solde de celle de 50 fr. due à la Fabrique par la commune à titre d'indemnité, ci.	25 »	
25	11	4 Août.	Reçu de N. 25 fr. 20 c. pour 9 kilog. 1/2 de vieille cire à lui vendue au prix de 2 fr. 65 c. le kilog, ci.	25 20	
26	9	15 id.	Reçu de N. 10 fr. donnés par lui à l'église à l'occasion du mariage de sa fille, ci.	10 »	
27	11	3 Sept.	Reçu des héritiers N. 62 fr. pour la fourniture d'un luminaire de 24 cierges et de 6 flambeaux pesant ensemble 23 kilog.	62 »	
28	11	4 id.	Reçu 11 kilog. de cire provenant du lum. de l'enterr. et service funèbre de N. et éval. ... f... c. (Recette en nature inscrite pour mém.).	» »	
29	2, 4	22 id.	Reçu du Receveur particulier des finances, par l'entremise du Percepteur, 100 fr. pour le 2e semestre de trois rentes 5 0/0 sur l'Etat, l'une de 80 fr. grevée de fondations, et les deux autres de 120 fr. exemptes de toutes charges. Analyse des titres de créance nos 1, 2, 3. Etat des revenus fixes nos 10, 11, 12, ci.	100 »	
30	10	30 id.	Reçu 35 fr. 15 c., produit des droits casuels pendant le troisième trimestre, d'après le relevé du registre du casuel de la Fabrique, ci	35 15	
			Recette du troisième trimestre	257 35	220
			Report de la recette des trimestres précédents	1,585 40	250
			Total de la recette au 30 septembre	1,842 75	470
31	11	4 Oct.	Reçu 10 kilog. de cire évaluée ... f... c. et provenant du luminaire qui a servi à la reddition de l'image de la sainte Vierge. (Recette en nature inscrite pour mémoire)	» »	
32	6	17 id.	Reçu 968 fr. 50 c., produit des redevances annuelles des places de banc, d'après le relevé du registre de perception du prix des places, ci.	968 50	
33	5	3 Nov.	Reçu de N. Larivière 45 fr., montant de la redevance annuelle échue le 1er octobre, pour la concession de la chapelle de saint Nicolas. Analyse des titres de créance n° 11, Etat des revenus fixes n° 15, ci	45 »	
34	11	8 id.	Reçu 8 kilog. de cire provenant du lumin. du service anniversaire de N. et évaluée ... f... c. (Recette en nature inscrite pour mém.).	» »	
35	3	11 id.	Reçu de Paul Bernard, 1° 75 fr. pour le fermage du pré de l'Etang. Analyse des titres de créance n° 7. Etat des revenus fixes n° 13; 2° la somme de 40 fr. à compte sur celle de 50 fr. due pour le fermage du terrage de N. Analyse des titres de créance n° 10. Etat des revenus fixes n° 16, ensemble 115 fr., ci.	115 »	
36	7	27 Déc.	Reçu de MM. les Marguilliers 190 fr. 80 c., produit des quêtes du deuxième semestre trouvé dans le tronc particulier des quêtes placé à la Sacristie, ci.	190 80	
37	8	30 id.	Reçu de MM les Marguilliers 16 fr. 95 c. provenant de la levée des troncs de l'église, ci	16 95	
38	10	31 id.	Reçu 58 fr. 60 c., produit des droits casuels pendant le quatrième trimestre, d'après le relevé du registre du casuel de la Fabrique, ci.	58 60	
			Recette du quatrième trimestre	1,394 85	
			Report de la recette des trimestres précédents	1,842 75	470
			Total de la recette au 31 décembre.	3,237 60	470
39	1	12 J. 1847	Reçu de Pierre Colin 15 fr. pour fermage échu le 11 novembre. Analyse des titres de créance n° 9. Etat des revenus fixes n° 17, ci,	15 »	
40	1	5 Févr.	Reçu d'Etienne Remy 30 fr. pour fermage échu le 1er octobre. Analyse des titres de créance n° 8. Etat des revenus fixes n° 14. ci.	30 »	
			Recette de 1846 faite pendant les deux premiers mois de 1847	45 »	
			Report de la recette des trimestres précédents.	3,237 60	470
			Total général de la recette de l'exercice de 1846.	3,282 60	470

Vu, vérifié, clos et arrêté le présent Journal, duquel il résulte qu'en fin de l'exercice,

1° La recette faite par le trésorier pour le compte de la Fabrique s'élève à *trois mille deux cent quatre-vingt-deux francs soixante centimes*;

2° Les sommes extraites de la caisse pour être remises au trésorier s'élèvent à *quatre cent soixante dix francs*;

3° Le trésorier est comptable env. la Fabrique d'une recette totale de *trois mille sept cent cinquante deux francs soixante cent.*

         Le 7 Mars 1847.   (*Signatures des membres du bureau.*)

(*) Voir la note 10, page 52

LIVRE DES COMPTES. — Recettes de 1846.

NUMÉROS DU BUDGET ET DU LIVRE DES COMPTES.

1. Biens-Fonds non chargés de fondations. Évaluation du budget : 45 f.	2. Rentes non chargées de fondations. Évaluat. du budget : 250 fr.	3. Biens-Fonds chargés de fondations. Évaluat. du budget : 125 fr.	4. Rentes chargées de fondations. Évaluat. du budget : 110 fr.	5. Concessions de chapelles et de tribunes. Évaluation du budget : 45 f.	6. Locations des places de banc et des chaises de l'église. Évaluat. du budget : 950 fr.	7. Quêtes pour les frais du culte. Évaluat. du budget : 250 fr.	8. Troncs placés dans l'église pour les frais du culte. Évaluation du budget : 25 f.	9. Oblations en usage dans la paroisse. Évaluation du budget : 65 f.	10. Droits casuels de la Fabrique. Évaluat. du budget : 215 fr.	11. Cire vendue par la Fabrique. Évaluat. du budget : 180 f.	12. Fruits spontanés du cimetière. Évaluation du budget : » f.	13. Supplément annuel donné par la commune. Évaluation du budget : 50 f.	14. Arrérages à recouvrer des exercices antérieurs. Évaluation du budget : » f.	15. Remboursement de capital. Évaluat. du budget : 600 fr.	16. Recettes imprévues. Évaluat. du budget : » f. » c.	17. Évaluat. du budget : » f. » c.	18. Évaluat. du budget : » f. » c.	19. Évaluat. du budget : » f. » c.	20. Évaluat. du budget : » f. » c.
	30 »							10 »											
			30 »											600 »					
	85 »																		
										15 »									
													25 »						
								25 »											
										25 »									
	60 »		40 »																
									56 »			25 »							
										45 »					345 »				
								10 »											
								17 »											
						72 55													
							7 35												
									62 50										
								10 »		25 20		25 »							
										62 »									
	60 »		40 »																
									35 15										
					968 50														
				45 »															
		115 »																	
						190 80													
							16 95												
									58 60										
15 »																			
30 »																			
45 »	235 »	115 »	110 »	45 »	968 50	263 35	24 30	72 »	212 25	172 20		50 »	25 »	600 »	345 »				

JOURNAL DES DÉPENSES. Exercice de 1846.

NUMÉROS — Des articles du Journal. (1)	Du Budget et du Livre des Comptes. (2)	Des Mandats de payements. (3)	DATES DES DÉPENSES. (4)	DÉSIGNATION DES DÉPENSES. (5)	Montant des dépenses payées. [Total des dép.allouées : au budget.. 2,823 f. 50 c. Par autorisat. sup. 280] (6)	Sommes versées dans la caisse de la Fabrique. (En caisse au com.de l'ex. 628 f. 50) (7)
			1846		F. c.	F. c.
1	13	1	10 Janv.	Payé à N. *vingt-cinq fr.* pour un coffre-fort à trois clefs destiné à renfermer le numér. et les archiv. de la Fabriq., ci	25 »	
2	11	3	15 id.	Remploi d'un capit. de 600 fr.(*) remb par J.-B.Dubois, et replacé sur N de la man. prescrite par l'acte de fondat. ci,	600 »	
3	VII 1e	2	25 Févr.	Payé à N. 42 fr. 50 c. pour un Missel, une garniture de canons d'autel, un Pastoral, un Graduel et un Vespéral in-12, et un *Ordo*, ci	42 50	
4	VI	4	28 id.	Payé à N 20 fr. pour la reliure d'un Missel et de deux gros livres de chant, ci	20 »	
5	VII 5e	5	2 Mars.	Payé à N. 12 fr. pour deux prie-dieu en bois de chêne, ci	12 »	
6	VI	6	5 id.	Payé à N. 14 fr. 50 c. pour galons neufs en soie mis à l'ornement rouge des fêtes simples, ci	14 50	
7	7	8	9 id.	Payé au Percepteur 10 fr. à compte sur les contributions des immeubles de la Fabrique, ci	10 »	
8	VII 2e, 3e,4e,5e	7	12 id.	Payé à N. 190 fr pour 18 purificatoires, 6 amicts, 6 petites aubes, 6 ceintures, une barrette, un voile servant à la bénédiction des époux, 2 tapis de prie-dieu, et 175 mètres de tentures toutes confectionnées pour les baptêmes, mariages et services funèbres, ci	190 »	
9	2	9	31 id.	Payé à M. le Curé 62 fr. 50 c. pour le premier trimestre de son supplément de traitement, ci	62 50	
10	3, 4, 5	10,11,12	Id.	Payé aux employés de l'église pour le premier trimestre de leur traitement, 28 fr 75 c., dont 8 fr. 75 c. au sonneur, 12 fr. 50 c. au chantre, et 7 fr. 50 c. au sacristain, ci	28 75	
				Dépense du premier trimestre, le 31 mars.	1,005 25	»
11	»	»	5 Avril.	Versé dans la caisse à trois clefs 120 fr. jugés inutiles au service du deuxième trimestre, ci		120
12	13	14	10 id.	Payé à N. la somme de 170 fr. à compte sur celle de 270 fr. due pour les gros meubles du presbytère, livrés le 8 du courant, en exécution du marché arrêté par le bureau le 6 présent mois, ci	170 »	
13	II	15	30 id.	Payé à N. 72 fr.. savoir : 54 fr pour 17 kilog. de cire, 15 fr. pour huile, et 3 fr. pour chandelle, suivant ses factures des 25 janvier, 12 mars et 30 avril 1846, ci	72 »	
14	III	13	18 Mai.	Payé à N. 7 fr. 50 c. pour un demi kilog d'encens, ci	7 50	
15	III	16	25 Juin.	Payé au sacristain 5 fr. pour fourniture de sel, charbon, mèches, veilleuses et balais pendant l'année. ci	5 »	
16	6	17	28 id.	Payé à M. le Curé, tant pour ses honoraires que pour ceux des employés de l'église, 63 fr. 75 c. pour les fondations acquittées dans le cours du premier semestre, ci	63 75	
17	V	18	30 id.	Payé à N. 17 fr 50 c. pour le blanchissage et le raccommodage du linge pendant le 1er semestre, ci	17 50	
18	2	19	Id.	Payé à M. le Curé 62 fr. 50 c. pour le 2e trimestre de son traitement, ci	62 50	
19	I	20	Id.	Payé à N. 10 fr. pour la fourniture des pains d'autel et du vin employés au saint sacrifice pendant le 1er sem., ci	10 »	
20	3, 4, 5	21, 22, 23	Id.	Payé aux employés de l'église pour le deuxième trimestre de leur traitement, 28 fr. 75 c., dont 8 fr. 75 c. au sonneur, 12 fr. 50 c. au chantre, et 7 fr. 50 c. au sacristain, ci	28 75	
				Dépense du deuxième trimestre.	437 »	120
				Report de la dépense du trimestre précédent.	1,005 25	»
				Total de la dépense au 30 Juin.	1,442 25	120
21	7 (13)	24	12 Juill.	Payé au Percepteur 14 fr. 35 c. pour solde des contributions des immeubles de la Fabrique, ci	14 35	
22	13	25	6 Août.	Payé à N. 100 fr. pour solde du prix des gros meubles du presbytère. ci	100 »	
23	VII 6e	26	23 Sept.	Payé à N. la somme de 170 fr. à compte sur celle de 315 fr. due pour l'acquisition et la pose d'une petite cloche, suivant le marché arrêté par le bureau le..., ci	170 »	
24	2	27	30 id.	Payé à M. le Curé 62 fr. 50 c. pour le 3e trimestre de son supplément de traitement, ci	62 50	
25	3, 4, 5	28, 29,30	Id.	Payé aux employés de l'église pour le troisième trimestre de leur traitement, 28 fr. 75 c., dont 8 fr. 75 c. au sonneur, 12 fr 50 c. au chantre, et 7 fr. 50 c. au sacristain, ci	28 75	
26	VII 7e	31	Id.	Payé à N. la somme de 100 fr pour un ornement blanc.	100 »	
				Dépense du troisième trimestre	475 60	»
				Report de la dépense des trimestres précédents	1,442 25	120
				Total de la dépense au 30 septembre.	1,917 85	120
27	»	»	4 Oct.	Versé dans la caisse à trois clefs 274 fr. 90 c. jugés inutiles au service du 4e trimestre, ci		274 90
28	6	32	18 id.	Remis à M. le Curé la somme de 20 fr. pour être employés par lui en aumônes selon les intent. du fondateur, ci	20 »	
29	II	33	20 Nov.	Payé à N. 53 fr., savoir : 34 fr. pour 10 kilog. de cire, 16 fr. pour huile, et 3 fr. pour chandelle, suivant ses factures des 8 août, 17 octobre et 20 novembre, ci	53 »	
30	VII 6e	34	26 id.	Payé à N. la somme de 145 fr. pour solde de celle de 315 fr. prix de la petite cloche livrée par lui le..., en exécution du marché arrêté par le bureau le..., ci	145 »	
31	12	35	30 id.	Versé à la recette particulière 488 fr. 50 c. pour achat de 20 fr. de rente sur les fonds publics, ci	488 50	
32	IV	36	1 Déc.	Payé à N. 18 fr. pour deux stères de bois livrés le 6 septembre, ci	18 »	
33	10	37	12 id.	Payé à N. 83 fr. pour fourniture et pose de chevaux et tuyaux de descente à l'église et à la sacristie, suivant le marché arrêté par le bureau le..., ci	83 »	
34	10 (13)	39	20 id.	Payé à N. 225 fr. pour les réparat. faites aux édifices paroissiaux, en exécut. du marché arrêté par le bureau le..., ci	225 »	
35	6	38	28 id.	Payé à M. le Curé, tant pour ses honoraires que pour ceux des employés de l'église, 36 fr. 25 c. pour les fondations acquittées dans le cours du deuxième semestre, ci	36 25	
36	I	41	Id.	Payé à N. 10 fr. pour la fourniture des pains d'autel et du vin employés au saint sacrifice pendant le 2e sem., ci	10 »	
37	V	40	Id.	Payé à N. 17 fr. 50 c. pour le blanchissage et le raccommodage du linge pendant le 2e semestre, ci	17 50	
38	9	42	Id.	Payé à N. 10 fr. 50 c. pour menues réparations faites dans le cours de l'année à la couverture, au pavé et aux murs de l'église. suivant son mémoire du.... ci	10 50	
39	8	43	Id.	Payé à N. 5 fr. pour le recouvrement à domicile du prix des places de bancs, ci	5 »	
40	8	44	Id.	Payé à N. entrepreneur de bâtiments, 3 fr. 50 c. pour deux tiers de journée employés à la visite des édifices paroissiaux et pour son rapport sur l'état des lieux, ci	3 50	
41	2	45	31 Id.	Payé à M. le Curé 62 50 c. pour le 4e trimestre de son supplément de traitement, ci	62 50	
42	3, 4, 5	46.47,48	Id.	Payé aux employés de l'église pour le 4e trimestre de leur traitement, 28 fr. 75 c., dont 8 fr. 75 c. au sonneur, 12 fr. 50 c. au chantre, et 7 fr. 50 c. au sacristain, ci	28 75	
43	»	»	31 Déc.	Versé dans la caisse à trois clefs 188 fr. 35 c. jugés inutiles aux dépenses de 1846 à acquitter dans les deux premiers mois de 1847, ci		188 35
				Dépense du quatrième trimestre	1,206 50	463 25
				Report de la dépense des trimestres précédents	1,917 85	120
				Total de la dépense au 31 décembre.	3,124 35	583 25
44	9	49	14 J. 1847	Payé à N. 3 fr. 20 c. pour réparations faites aux fenêtres de l'église dans le cours de 1846, suivant son mém. du .., ci	3 20	
45	VI	50	28 id.	Payé à N., serrurier, 6 fr. 50 c. pour diverses réparations faites aux meubles de l'église et de la sacristie dans le cours de 1846, suivant son mémoire du..., ci	6 50	
46	VI	51	7 Févr.	Payé à N., menuisier, 8 fr. 50 c. pour diverses réparations faites en 1846 aux meubles de l'église et de la sacristie, suivant son mémoire du.., ci	8 50	
47	III	52	10 id.	Payé à N. 2 fr. 25 c. pour menues fournitures faites par lui dans le cours de 1846, suivant son mémoire du 5 février 1847, ci	2 25	
48	8	53	27 id.	Remboursé au trésorier 6 fr. 20 c. pour ports de lettres et fournitures de bureau, suiv.son mém. du 12 Janv. 1847, ci	6 20	
				Dépenses de 1846 acquittées pendant les deux premiers mois de 1847.	26 65	
				Report de la dépense des trimestres précédents.	3,124 35	583 25
				Total général de la dépense de l'exercice de 1846.	3,151 »	583 25

Vu, vérifié, clos et arrêté le présent Journal, duquel il résulte qu'en fin de l'exercice,

1° La dépense acquittée par le trésorier pour le compte de la Fabrique, s'élève à 3,151 fr.;
2° Les sommes versées par le trésorier dans la caisse à trois clefs s'élèvent à 583 fr. 25 c.
3° La Fabrique doit tenir compte au trésorier d'une dépense totale de 3,734 fr. 25 c.

Le 7 Mars 1847. *(Signatures des membres du bureau).*

(*) Voir la note 10, page 52.

LIVRE DES COMPTES. — DÉPENSES DE 1846.

Column descriptions (two header groups):

...AL DES DÉPENSES INTÉR. DE LA CÉLÉB. DU CULTE.
- **II** — Cire, huile, chandelle. Somme allouée: 135 fr.
- **III** — Encens, charbon, mèches, veilleuses et autres menus objets de consommation. Somme allouée: 15 fr.
- **IV** — Chauffage de la Sacristie. Somme allouée: 20 fr.
- **V** — Blanchissage et raccommodage du linge. Somme allouée: 35 fr.
- **VI** — Réparation du mobilier de l'église et de la sacristie. Somme allouée: 50 fr.
- **VII** — Achat de vases sacrés, ornements, linge, livres, meubles et ustensiles d'église. Somme allouée: 570 fr.

NUMÉROS DU BUDGET ET DU LIVRE DES COMPTES.
- **1** — Dépenses intérieures de la célébration du Culte. Somme allouée: 845 fr.
- **2** — Supplément de traitement de M. le Curé. Somme allouée: 250 fr.
- **3** — Traitement du Sonneur. Somme allouée: 35 fr.
- **4** — Traitement du Chantre. Somme allouée: 50 fr.
- **5** — Traitement du Sacristain. Somme allouée: 30 fr.
- **6** — Acquit des fondations. Somme allouée: 120 fr.
- **7** — Contributions. Somme allouée: 22 f. 50 c.
- **8** — Frais d'administration et de bureau. Somme allouée: 16 fr.
- **9** — Menues réparations de l'église. Somme allouée: 25 fr.
- **10** — Réparat. aux édifices paroissiaux. Somme all. au budg.: 260 f. Par autorisat. suppl.: 40.
- **11** — Remploi de capital remboursé. Somme allouée: 600 fr.
- **12** — Achat de rente sur les fonds publics. Somme allouée: 490 fr.
- **13** — Dépenses imprévues. Somme all. au budg.: 80 f. Par autorisat. suppl.: 240.
- **14** — Somme allouée: f. c.
- **15** — Somme allouée: f. c.

II	III	IV	V	VI	VII	1	2	3	4	5	6	7	8	9	10	11	12	13	14	15
																600 »		25 »		
				20 »	42 50	42 50														
				14 50	12 »	12 »						10 »								
						14 50														
					190 »	190 »	62 50													
								8 75	12 50	7 50										
																		170 »		
72 »						72 »														
	7 50					7 50														
	5 »					5 »														
			17 50			17 50	62 50													
						10 »														
											63 75									
								8 75	12 50	7 50										
													14 35					(1 85) 100 »		
				170 »	170 »	62 50														
								8 75	12 50	7 50										
				100 »	100 »															
											20 »									
53 »						53 »														
				143 »	143 »												488 50			
		18 »			18 »															
																83 » / 225 »		(8 »)		
											36 25									
						10 » / 17 50														
													5 »		10 50					
													3 50							
							62 50													
								8 75	12 50	7 50										
																	3 20			
				6 50	6 50															
	2 25			8 50	8 50															
						2 2.					6 20									
125 »	14 75	18 »	35 »	49 50	659 50	921 75	250 »	35 »	50 »	30 »	120 »	24 35	14 70	13 70	308 »	600 »	488 50	295 »		

BORDEREAUX TRIMESTRIELS DES RECETTES ET DES DÉPENSES

FAITES PENDANT L'EXERCICE DE 1846, PAR LE TRÉSORIER DE L'ÉGLISE SAINT-PIERRE DE LA VILLENEUVE.

1er TRIMESTRE.

	fr.	c.
La recette de la Fabrique a été de	1026 fr.	» c.
La dépense de	1005	25
Différence en excédant	20	75
Extrait de la caisse le 1er mars	250	»
Le Trésorier a au 31 mars *deux cent soixante-dix francs soixante-quinze centimes*, ci	270	75

(*Signature du Trésorier*).

Le Bureau a réglé à 120 fr. la somme à verser dans la caisse comme inutile à la dépense du 2e trimestre, versement immédiatement opéré, ci

	fr.	c.
	120	»
Reste entre les mains du Trésorier *cent cinquante francs soixante-quinze centimes*, ci	150	75

Le 5 avril 1846. (*Signatures des membres du Bureau*).

2e TRIMESTRE.

	fr.	c.
La recette de la Fabrique a été de	559 fr.	40 c.
La dépense de	437	»
Différence en excédant	122	40
Le Trésorier avait au commencement du trimestre	150	75
Il a au 30 juin *deux cent soixante-treize francs quinze centimes*, ci	273	15

(*Signature du Trésorier*).

Le Bureau a réglé à 220 fr. la somme à extraire de la caisse comme nécessaire à la dépense du 3e trimestre, et immédiatement remise au Trésorier, ci

	fr.	c.
	220	»
Reste entre les mains du Trésorier *quatre cent quatre-vingt-treize francs quinze centimes*, ci	493	15

Le 5 juillet 1846. (*Signatures des membres du Bureau*).

3e TRIMESTRE.

	fr.	c.
La recette de la Fabrique a été de	257 fr.	35 c.
La dépense de	475	60
Différence en déficit	218	25
Le Trésorier avait au commencement du trimestre	493	15
Il a au 30 septembre *deux cent soixante-quatorze francs quatre-vingt-dix centimes*, ci	274	90

(*Signature du Trésorier*).

Le Bureau a réglé à 274 fr. 90 c. la somme à verser dans la caisse comme inutile à la dépense du 4e trimestre, versement immédiatement opéré, ci

	fr.	c.
	274	90
Reste entre les mains du Trésorier, *rien*	»	»

Le 4 octobre 1846. (*Signatures des membres du Bureau*).

4e TRIMESTRE.

	fr.	c.
La recette de la Fabrique a été de	1394 fr.	85 c.
La dépense de	1206	50
Différence en excédant	188	35
Le Trésorier avait au commencement du trimestre	»	»
Il a au 31 décembre *cent quatre-vingt-huit francs trente-cinq centimes*, ci	188	35

(*Signature du Trésorier*).

Le Bureau a réglé à 188 fr. 35 c. la somme à verser dans la caisse comme inutile aux dépenses de 1846 à acquitter pendant les 2 premiers mois de 1847, versement immédiatement opéré, ci

	fr.	c.
	188	35
Reste entre les mains du Trésorier, *rien*	»	»

Le 31 décembre 1846. (*Signatures des membres du Bureau*).

RECETTES ET DÉPENSES DE 1846 FAITES PENDANT LES 2 PREMIERS MOIS DE 1847.

	fr.	c.
La recette de la Fabrique a été de	45 fr.	» c.
La dépense de	26	65
Différence en excédant	18	35
Le Trésorier avait au commencement de janvier	»	»
Il a à la clôture de l'exercice *dix-huit francs trente-cinq centimes*	18	35

(*Signature du Trésorier*).

Vu et arrêté le bordereau ci-dessus, duquel il résulte qu'en fin de l'exercice le Trésorier se trouve reliquataire de *dix-huit francs trente-cinq centimes*, qui ont été versés dans la caisse à trois clefs, cejourd'hui 7 mars 1847.

(*Signatures des membres du Bureau*).

Nota. 1° Au lieu de dresser ces bordereaux trimestriels sur des feuilles détachées, il est mieux de les dresser sur un registre particulier tenu en double : un exemplaire reste entre les mains du Trésorier, et est représenté au bureau toutes les fois qu'il en est besoin ; l'autre est conservé dans la caisse à trois clefs, conformément aux dispositions de l'article 34 du Règlement des Fabriques.

2° Le Trésorier arrête le journal des recettes et celui des dépenses le dernier jour de chaque trimestre ; tandis que le Bureau ne se réunit ordinairement que le dimanche d'après, pour régler la dépense du trimestre suivant. Il peut donc y avoir entre ces deux opérations un intervalle de sept jours. Le Bureau, dans son calcul, doit prendre les choses en l'état où elles étaient à la fin du trimestre, sans tenir compte des recouvrements et payements que le Trésorier pourrait avoir faits dans l'intervalle écoulé entre le dernier jour du trimestre et celui de la réunion du Bureau. — Dans l'arrêté trimestriel du journal des recettes et du journal des dépenses, nous proposons de faire ressortir le résultat du trimestre avant de le réunir au résultat des trimestres précédents, parce que le résultat de chaque trimestre est un élément qui se reproduit fréquemment dans les écritures, et qu'il est bon de l'établir séparément de manière à le retrouver chaque fois sans nouveau calcul.

omme nous le conseillons, le Trésorier exerçait séparément et sans les confondre les fonctions de *receveur* et celles de *payeur*, en
sant *intégralement* les recettes dans la caisse à trois clefs, et en n'acquittant les dépenses qu'avec l'argent extrait de cette caisse, les
rdereaux trimestriels de dépense seraient rédigés ainsi qu'il suit :)

BORDEREAUX TRIMESTRIELS DES RECETTES ET DES DÉPENSES

TES PENDANT L'EXERCICE DE 1846, PAR LE TRÉSORIER DE L'ÉGLISE SAINT-PIERRE DE LA VILLENEUVE

EN SA QUALITÉ DE PROCUREUR-FABRICIEN.

1er TRIMESTRE.

té alloué et remis au Procureur-Fabricien pour la dépense du trimestre. . . . . | 1050 fr. | » c.
cquitté des dépenses pour. . . . . | 1005 | 25
reste au 31 mars *quarante-quatre francs soixante-quinze centimes,* ci. . . . . | 44 | 75

(Signature du Procureur-Fabricien).

alloué au Procureur-Fabricien pour la dépense du deuxième trimestre. . . . . | 450 | »
ait au 31 mars dernier. . . . . | 44 | 75
férence extraite de la caisse et remise au Procureur-Fabricien, *quatre cent cinq fr. vingt-cinq c.,* ci. | 405 | 25

Le 5 avril 1846.   *(Signatures des membres du Bureau).*

2e TRIMESTRE.

té alloué et remis au Procureur-Fabricien pour la dépense du trimestre. . . . . | 450 fr. | » c.
cquitté des dépenses pour. . . . . | 437 | »
reste au 30 juin *treize francs,* ci. . . . . | 13 | »

(Signature du Procureur-Fabricien).

alloué au Procureur-Fabricien pour la dépense du troisième trimestre. . . . . | 500 | »
ait au 30 juin dernier. . . . . | 13 | »
férence extraite de la caisse et remise au Procur.-Fabric., *quatre cent quatre-vingt-sept francs,* ci. | 487 | »

Le 5 juillet 1846.   *(Signatures des membres du Bureau).*

3e TRIMESTRE.

té alloué et remis au Procureur-Fabricien pour la dépense du trimestre. . . . . | 500 fr. | » c.
cquitté des dépenses pour. . . . . | 475 | 60
reste au 30 septembre *vingt-quatre francs quarante centimes,* ci. . . . . | 24 | 40

(Signature du Procureur-Fabricien).

alloué au Procureur-Fabricien pour la dépense du quatrième trimestre. . . . . | 1210 | »
ait au 30 septembre dernier. . . . . | 24 | 40
férence extraite de la caisse et remise au Proc.-Fabr., *onze cent quatre-vingt-cinq fr. soixante c.,* ci. | 1185 | 60

Le 4 octobre 1846.   *(Signatures des membres du Bureau).*

4e TRIMESTRE.

té alloué et remis au Procureur-Fabricien pour la dépense du trimestre. . . . . | 1210 fr. | » c.
cquitté des dépenses pour. . . . . | 1206 | 50
reste au 31 décembre *trois francs cinquante centimes.* . . . . | 3 | 50

(Signature du Procureur-Fabricien).

alloué au Proc.-Fabr. pour les dépenses de 1846 à acquitter pendant les 2 premiers mois de 1847. | 45 | »
ait au 31 décembre dernier. . . . . | 3 | 50
fférence extraite de la caisse et remise au Procureur-Fabricien *quarante-et-un fr. cinquante cent.* . | 41 | 50

Le 31 décembre 1846.   *(Signatures des membres du Bureau).*

RECETTES ET DÉPENSES DE 1846 FAITES PENDANT LES 2 PREMIERS MOIS DE 1847.

té alloué et remis au Procureur-Fabricien pour les dépenses de 1846 à acquitter pendant les 2 pre-
iers mois de 1847. . . . . | 45 fr. | » c.
acquitté des dépenses pour. . . . . | 26 | 65
i reste à la clôture de l'exercice *dix-huit francs trente-cinq centimes,* ci. . . . . | 18 | 35

(Signature du Procureur-Fabricien).

u et arrêté le bordereau ci-dessus, duquel il résulte qu'en fin de l'exercice le Procureur-Fabricien se trouve reliquataire
ix-huit francs trente-cinq centimes, qui ont été versés dans la caisse à trois clefs, cejourd'hui 7 mars 1847.

      (Signatures des membres du Bureau).

LIVRE DE CAISSE.

Nos D'ORDRE.	DATES DES VERSEMENTS ET RETRAITS DE FONDS.	VERSEMENTS ET RETRAITS DE FONDS.	MONTANT DES SOMMES	
			VERSÉES DANS LA CAISSE.	EXTRAITES DE LA CAISSE.
1	2	3	4	5
		EXERCICE DE 1846.	fr. c.	fr. c.
1	1846.	L'encaisse au commencement de l'exercice est de *six cent vingt-huit francs cinquante centimes*, ci.	628 50	» »
2	1 mars.	Extrait de la Caisse *deux cent cinquante francs* jugés nécessaires à la dépense du premier trimestre, ci.	» »	250
3	5 avril.	Versé dans la Caisse *cent vingt francs* jugés inutiles à la dépense du deuxième trimestre, ci.	120 »	» »
4	5 juillet.	Extrait de la Caisse *deux cent vingt francs* jugés nécessaires à la dépense du troisième trimestre, ci.	» »	220
5	4 octobre.	Versé dans la Caisse *deux cent soixante-quatorze francs quatre-vingt-dix centimes* jugés inutiles à la dépense du quatrième trimestre, ci.	274 90	» »
6	31 décembre.	Versé dans la Caisse *cent quatre-vingt-huit francs trente-cinq centimes* jugés inutiles à la dépense de 1846 à acquitter pendant les deux premiers mois de 1847, ci.	188 35	» »
7	7 mars 1847.	Versé dans la Caisse le reliquat du compte du Trésorier, s'élevant à *dix-huit francs trente-cinq centimes*, ci.	18 35	» »
		Totaux.	1230 10	470
		Reste.	760 10	

Vu, vérifié, clos et arrêté le compte de Caisse de l'exercice de 1846, lequel présente en fin d'exercice un en-caisse de *sept cent soixante francs dix centimes*.

Le 7 mars 1847.   (*Signatures des membres du Bureau.*)

Nos D'ORDRE.	DATES	VERSEMENTS ET RETRAITS DE FONDS.	VERSÉES DANS LA CAISSE.	EXTRAITES DE LA CAISSE.
		EXERCICE DE 1847.		
1	1847.	L'encaisse au commencement de l'exercice est de *sept cent soixante francs dix centimes*, ci.	760 10	» »
2	7 mars.	Extrait de la Caisse *cinquante francs* jugés nécessaires à la dépense du premier trimestre, ci.	» »	50

REGISTRE DE COMPTES PARTICULIERS [11].

Nos D'ORDRE.	DATES	COMPTE DU PRÉ DE L'ÉTANG.	MONTANT DES SOMMES	
			DUES.	PAYÉES.
1	2	3	4	5
		Le pré de l'Etang, légué à la Fabrique en 1822 par N. à charge de services religieux, a été successivement affermé à N., N. et N., et en dernier lieu, le 7 novembre 1836, à N. pour six ans, moyennant la somme annuelle de 65 fr. payable le 7 août (V. le sommier des titres, n° , et l'analyse des titres de créances, n°).—Cet immeuble est grevé d'une fondation pour l'acquit de laquelle la Fabrique dépense annuellement 40 fr. 75 c., conformément à l'ordonnance de règlement du 3 avril 1825. Par suite de contestations avec les riverains, il a été procédé, en 1838, à un abornement avec l'assistance de N., arpenteur juré, dont le procès-verbal, signé des parties intéressées, est déposé dans les archives et transcrit dans le sommier des titres sous le n° . — Le bail expire le 7 novembre de la présente année 1842.	fr.	fr.
1	7 août 1842.	Echéance du fermage de 1842.	65	»
2	5 janv. 1843.	Ecrit au fermier pour l'inviter à payer dans la quinzaine le fermage de 1842. . .	»	»
3	25 *id.*	Payement du fermage de 1842.	»	65
4	1 septembre.	Echéance du prix de la récolte de 1843, vendue à N. pour 72 fr., ci.	72	»
5	3 *id.*	Payement de la récolte de 1843. . . . . , .	»	72
6	1 sept. 1844.	Echéance du prix de la récolte de 1844, adjugée aux enchères à N. pour 65 fr., ci.	65	»
7	*id.*	Payement de la récolte de 1844.	»	65
8	2 janv. 1845.	Le pré de l'Etang a été affermé pour neuf ans à Paul Bernard moyennant la somme de 75 fr. payable chaque année le 1er octobre. (Voir le sommier des titres, n° , et l'analyse des titres de créance, n° 7.).	»	»
9	1 octobre.	Echéance du fermage de 1845.	75	»
10	*id.*	Payement du fermage de 1845.	»	75
11	1 oct. 1846.	Echéance du fermage de 1846.	75	»
12	11 *id.*	Payement du fermage de 1846.	»	75

[11] Ces comptes auxiliaires, sans être d'une nécessité indispensable, sont néanmoins fort utiles pour prévenir des erreurs et des omissions auxquelles les Fabriques sont plus exposées que les simples particuliers, par suite de la mutation assez fréquente des Administrateurs. On peut établir des comptes de cette nature certains revenus, pour certains débiteurs de la Fabrique, pour certaines dépenses,

COMPTE

DES

RECETTES ET DÉPENSES DE L'ÉGLISE ST.-PIERRE DE LAVILLENEUVE

POUR L'EXERCICE DE 1846.

ÉTAT DÉTAILLÉ *des* Dépenses intérieures de la célébration du culte *faites pendant l'année 1846, et formant le premier article des Dépenses du Compte de ladite année.*

N.ᵒˢ des subdivisions des dép. intér. de la 1	DÉTAIL DES DÉPENSES INTÉRIEURES DE LA CÉLÉBRATION DU CULTE. 2	Montant des dépenses all. par Mgr l'Évêque, soit au budget, soit par autorisations supplémentaires. 3 (7)	MONTANT DES DÉPENSES (1)			NUMÉROS des articles du journ. du trésorier dont se compose le montant des dépenses payées. 7	OBSERVATIONS. 8
			PAYÉES et A PAYER. 4	PAYÉES. 5	A PAYER. 6		
	(Cet état doit comprendre : 1° les objets de consommation, tels que la matière du saint Sacrifice, le luminaire, le sel, l'encens, le charbon, le bois pour le chauffage de la sacristie; 2° l'entretien du mobilier de l'église, tel que le blanchissage et raccommodage du linge, les réparations faites aux vases sacrés, ornements, linge, livres, meubles et ustensiles de l'église et de la sacristie, les acquisitions faites pour leur renouvellement et leur remplacement.)	f. c.	f. c.	f. c.	f. c.		Art. II. Le poids de la cire achetée est de 27 kilog.— Il y en a eu 22 kil. 1/4 de consommée dans l'année (3). Il en restait au 31 décembre dernier 11 kilog. 1/2.
I	Pains d'autel et vin pour le saint Sacrifice.	20 »	20 »	20 »	» »	19, 36.	
II	Cire, huile, chandelle.	135 »	125 »	125 »	» »	13, 29.	
III	Encens, charbon, mèches, veilleuses, sel et autres menus objets de consommation.	15 »	14 75	14 75	» »	14, 15, 47.	
IV	Chauffage de la sacristie.	20 »	18 »	18 »	» »	32.	Art. VII.— 7° Cette dépense a été allouée par autorisation supplémentaire du 24 avril 1846.
V	Blanchissage et raccommodage du linge.	35 »	35 »	35 »	» »	17, 37.	
VI	Réparations du mobilier de l'église et de la sacristie.	50 »	49 50	49 50	» »	4, 6, 45, 46.	
VII	Achat des objets mobiliers dont le détail suit :						
1°	*Un Missel, une garniture de canons d'autel, un Pastoral, deux petits livres de chant et un Ordo.*	45 »	42 50	42 50	» »	3.	
2°	*Une douzaine et demie de Purificatoires, une demi-douzaine d'amicts, et une Barretto.*	20 »	19 »	19 »	» »	8.	
3°	*Six Aubes et six Ceintures pour les enfants de chœur.*	25 »	25 »	25 »	» »	8.	
4°	*Cent soixante-quinze mètres de tentures blanches, rouges et noires, pour les Baptêmes, Mariages et Services funèbres, façon comprise.*	125 »	120 »	120 »	» »	8.	
5°	*Deux Prie-Dieu munis de leur tapis et voile pour les Mariages de la classe supérieure.*	40 »	38 »	38 »	» »	5, 8.	
6°	*Achat et pose d'une petite cloche de 90 kilog. pour les sonneries des jours ouvriers, y compris le battant, le mouton tout ferré et la corde.*	315 »	315 »	315 »	» »	23, 30.	
7°	Achats divers : *un ornement blanc.*	100 »	100 »	100 »	» »	26.	
	Total des dépenses intérieures de la célébr. du culte (2).	945 »	921 75	921 75	» »		

ressé par moi, Marguillier-Trésorier, le présent État de dépenses montant à la somme de *neuf cent vingt-un francs soixante-quinze centimes, ci.* . . . . 921 fr. 75 c.

ROYER, Trésorier.

Nos des articles du Budget et du Compte	DÉSIGNATION DES RECETTES.	Montant des RECETTES d'après les évaluations du Budget.	MONTANT DES RECETTES (1). Effectuées et à effectuer, et dont le trésorier est comptable	Effectuées	À effectuer	Nos DES ARTICLES du journal du trésorier dont se compose le montant des recettes effectuées.	OBSERVATIONS.
1	2	3	4	5	6	7	8
		fr. c.	fr. c.	fr. c.	fr. c.		
	CHAPITRE PREMIER. **Recettes ordinaires.** (Ce chapitre doit comprendre les recettes soit fixes, soit variables, qui sont de nature à se reproduire tous les ans. — On n'y fait figurer que le produit de l'année dont on dresse le compte; les arrérages recouvrés des années antérieures se portent au chapitre des recettes extraordinaires.)						Art. 2. Les 15 fr. à recouvrer sont dus par Vincent Thiéry.
1	Produit annuel des biens-fonds non chargés de fondations.	45 »	45 »	45 »	» »	39, 40.	Art. 3. Les 10 fr. à recouvrer sont dus par Paul Bernard.
2	— des rentes non chargées de fondations...	250 »	250 »	235 »	15 »	1, 4, 12, 29.	Art. 10. Les 16 fr. 25 c. à recouvrer sont dus ainsi qu'il suit : Par N... 6 f.75 c. Par N... 9 50
3	— des biens-fonds chargés de fondations...	125 »	125 »	115 »	10 «	35.	
4	— des rentes chargées de fondations.	110 »	110 »	110 »	» »	3, 12, 29.	
5	— de la concession de chapelles et de tribunes.	45 »	45 »	45 »	» »	33.	Art. 11. Le poids de la cire vendue est de 61 kilog. — La Fabrique a reçu en nature, dans le cours de l'exercice, 42 kilog. de cire évalués 120 fr. (Nos 6, 11, 17, 28, 31, 34, du journal.) — Cette cire a été déposée à la sacristie pour servir au luminaire de l'église.
6	— de la location des places de banc et des chaises de l'église.	950 »	968 50	968 50	» »	32.	
7	— des quêtes pour les frais du culte.	250 »	263 35	263 35	» »	20, 36.	
8	— des troncs placés dans l'église pour les frais du culte.	25 »	24 30	24 30	» »	21, 37.	Art. 16. Produit d'une souscription destiné à l'ameublement du presbytère.
9	— des oblations en usage dans la paroisse (4).	65 »	72 »	72 »	» »	2, 8, 18, 19, 26.	
10	— des droits casuels de la Fabrique dans les services religieux et les frais d'inhumation.	215 »	228 50	212 25	16 25	14, 22, 30, 38.	
11	— de la cire vendue par la Fabrique (4).	180 »	172 20	172 20	» »	5, 10, 16, 25, 27	
12	— des fruits spontanés du cimetière.	» »	» »	» »	» »	»	
13	Supplément annuel donné par la commune.	50 »	50 »	50 »	» »	18, 24.	
	TOTAL DES RECETTES ORDINAIRES...	2310 »	2353 85	2312 60	41 25		
	CHAPITRE II. **Recettes extraordinaires.** (Ce chapitre doit comprendre : 1° le recouvrement des arrérages des exercices antérieurs ; 2° les sommes provenant de dons et legs ; 3° les remboursements de créances ; 4° toutes autres recettes non annuelles ; 5° les recettes imprévues.)						
14	Arrérages des exercices antérieurs (5).	» »	25 »	25 »	» »	7.	
15	*Remboursement du capital dû par Jean-Baptiste Dubois, et provenant de la fondation de N.*	600 »	600 »	600 «	» »	3.	
16	Recettes imprévues au budget.	» »	345 »	345 »	» »	15.	
	TOTAL DES RECETTES EXTRAORDINAIRES...	600 »	970 »	970 »	» »		
	TOTAL DES RECETTES ORDINAIRES...	2310 »	2353 85	2312 60	41 25		
	TOTAL GÉNÉRAL DES RECETTES DE L'EXERCICE.	2910 »	3323 85	3282 60	41 25		

sorier, soit à défaut de fonds, soit parce que le porteur du mandat aurait négligé d'en demander le payement.

(10) Sous ce renvoi sont réunies des annotations sur chacun des articles du Résumé. — 1° COMPTE DE L'EXERCICE. Art. 1er. Cet article est le total général de la colonne 5 du titre des Recettes. (Voir p. 2). — Art. 2. Cet article est le total général de la colonne 5 du titre des Dépenses. (Voir p. 3). — Art. 3. Cet article est la différence qui existe entre les articles 1 et 2. Cette différence est en excédant ou en déficit, selon que le chiffre des recettes effectuées est plus grand ou plus petit que le chiffre des dépenses payées. Cet article 3 doit être semblable à l'article 9 du compte de caisse, parce que l'état de cette caisse varie chaque année dans la proportion comb...

Compte.   ## Titre 2ᵉ. DÉPENSES [6]

Nᵒˢ des articles	DÉSIGNATION DES DÉPENSES.	Montant des DÉPENSES allouées par Mgr l'Évêq. soit au Budget, soit par autorisat. supplément.	MONTANT DES DÉPENSES [1].			Nᵒˢ DES ARTICLES du journal du trésorier dont se compose le montant des dépenses payées.	OBSERVATIONS.
			Payées et à payer.	Payées.	A payer.		
1	2	3 (7)	4	5	6	7	8
		f. c.	f. c.	f. c.	f. c.		

CHAPITRE PREMIER.

Dépenses ordinaires.

(Ce chapitre doit comprendre : 1° les dépenses intérieures de la célébration du culte; 2° le supplément de traitement de M. le Curé s'il y a lieu; 3° le traitement des vicaires; 4° les honoraires des prédicateurs. (Dans les paroisses où cette dépense n'est pas annuelle, elle se porte au chapitre suivant); 5° les gages des officiers et serviteurs de l'église; 6° l'acquit des fondations; 7° les contributions; 8° le prélèvement sur le produit des bancs et chaises en faveur de la caisse ecclésiastique, le cas échéant; 9° les frais d'administration et de bureau; 10° les menues réparations de l'église.)

Nᵒˢ	DÉSIGNATION DES DÉPENSES.	Col 3	Payées et à payer	Payées	A payer	Col 7	Observations
1	*Dépenses intérieures de la célébration du culte, et dont le détail est d'autre part*	945 »	921 75	921 75	» »	(Voir le détail p. 19)	Art. 10. Il n'était alloué au budget que 260 fr.; mais il a été alloué 40 fr. par autorisation supplémentaire du 24 avril 1846.
2	*Supplément de traitement de M. le Curé*	250 »	250 »	250 »	» »	9, 18, 24, 41	
3	*Traitement du sonneur* . , ...	35 »	35 »	35 »	» »	10, 20, 25, 42	Art. 13. Il n'était alloué au budget que 80 fr.; mais il a été alloué 240 fr. par autorisation supplémentaire du 24 avril 1846.
4	*Traitement du chantre.*	50 »	50 »	50 »	» »	10, 20, 25, 42	
5	*Traitement du sacristain*	30 «	30 »	30 »	» »	10, 20, 25, 42	
6	*Acquit des fondations*	120 »	120 »	120 »	» »	16, 28, 35.	
7	*Contributions.*	22 50	24 35	24 35	» »	7, 21.	
8	*Frais d'administration et de bureau*	16 »	14 70	14 70	» »	39, 40, 48.	
9	*Menues réparations de l'église.*	25 »	13 70	13 70	» »	38, 44.	
	TOTAL DES DÉPENSES ORDINAIRES.	1493 50	1459 50	1459 50	» »		

CHAPITRE II.

Dépenses extraordinaires.

(Ce chapitre doit comprendre : 1° le payement des dettes des exercices antérieurs; 2° l'emploi des capitaux provenant de dons, de legs, de remboursement de créance; 3° les dépenses de décoration et d'embellissement intérieur de l'église; 4° les réparations d'entretien des édifices paroissiaux; 5° les dépenses imprévues.)

Nᵒˢ	DÉSIGNATION DES DÉPENSES.	Col 3	Payées et à payer	Payées	A payer	Col 7	Observations
10	*Réparations faites aux édifices paroissiaux.* . . .	300 »	308 »	308 »	» »	33, 34.	
11	*Remploi du capit. de la fondat. de N., remb. par J.-B. Dubois, et replacé avec hypoth. sur N.* . . .	600 »	600 »	600 »	» »	2.	
12	*Achat de 20 fr. de rentes sur les fonds publics.* . .	490 »	488 50	488 50	» »	31.	
13	*Dépenses imprévues* (8)	320 »	295 »	295 »	» »	1, 17, 22.	
	TOTAL DES DÉPENSES EXTRAORDINAIRES	1710 »	1691 50	1691 50	» »		
	TOTAL DES DÉPENSES ORDINAIRES.	1493 50	1459 50	1459 50	» »		
	TOTAL GÉNÉRAL DES DÉPENSES DE L'EXERCICE (9).	3203 50	3151 »	3151 »	» »		

des recettes et des dépenses de l'exercice. — Art. 4. Cet article est le total général de la colonne 6 du titre des Recettes. (Voir p. 2). — Art. 5. Cet article est le général de la colonne 6 du titre des Dépenses. (Voir p. 3). — 2° COMPTE DU TRÉSORIER. Art. 1ᵉʳ. Cet article est le même que l'article 1ᵉʳ du compte de l'exercice. — Art. 2. Cet article est le total des sommes que le Trésorier a reçues à caisse de la Fabrique pendant l'exercice. (Voir le Journal des recettes du Trésorier, colonne 6). — Pour les Fabriques qui n'auraient pas encore établi leur caisse à clefs distincte de celle du Trésorier, voir la note 12 ci-après. — Art. 3. Cet article est le même que l'article 2 du compte de l'exercice. — Art. 4. Cet article est le total des sommes que le Trésorier a versées dans la caisse de la Fabrique pendant l'exercice. (Voir le Journal des dépenses du Trésorier, colonne 7. — Pour les Fabriques qui n'auraient pas encore établi leur caisse à trois clefs distincte de celle du Trésorier, voir la note 12 ci-après. — Art. 5. Comme il ne s'agit là que d'un compte

de deniers, on ne peut admettre un déficit. Les dépenses de Fabrique que le Trésorier aurait acquittées de son propre argent restent au rang des DÉPENSES A PAYER de la Fabrique; elles ne deviennent pour la Fabrique des DÉPENSES PAYÉES que quand le Trésorier est régulièrement remboursé de ses avances personnelles sur les deniers mêmes de la Fabrique. — Ce reliquat est entièrement indépendant des recouvrements et payements propres à l'exercice courant et faits dans les deux premiers mois de cet exercice. — Toutes les fois que le Trésorier voudra connaître sa situation et vérifier s'il ne s'est pas glissé quelques erreurs dans ses écritures, il établira un compte tout semblable et en comparera le résultat avec l'argent qu'il a entre les mains. — 3° COMPTE DE LA CAISSE. Art. 1ᵉʳ. Cet article est l'Encaisse ou Reliquat provenant de l'exercice précédent: il est le même que l'article 2 du compte de l'année précédente. — Art. 2. Cet article est le même que l'article 2 du compte du Trésorier. — Art. 3. Cet article est le même que l'article 4 du compte du

RÉSUMÉ. (10)

<table>
<tr><td colspan="3">COMPTE DE L'EXERCICE.</td><td colspan="3">COMPTE DE LA CAISSE.
Ou état de situation de la caisse de la Fabrique à la clôture de l'exercice, dressé par le Bureau des Marguilliers.</td></tr>
<tr><td></td><td>f.</td><td>c.</td><td></td><td>f.</td><td>c.</td></tr>
<tr><td>1. Recettes effectuées . . . .</td><td>3,282</td><td>60</td><td>1. En caisse au commencement de l'exercice . .</td><td>628</td><td></td></tr>
<tr><td>2. Dépenses payées . . . .</td><td>3,151</td><td>»</td><td>2. Sommes extraites de la caisse de la Fabrique pendant l'exercice. . . .470 »</td><td></td><td></td></tr>
<tr><td>3. Différence en { excédant . . . .
             { déficit . . . .</td><td>131</td><td>60</td><td>3. Sommes versées dans la caisse de la Fabrique pendant l'exercice . . . .583 25</td><td></td><td></td></tr>
<tr><td>4. Recettes à effectuer . . . .</td><td>41</td><td>25</td><td>4. Différence en { plus dans la caisse . 113 25
              { moins dans la caisse.</td><td>113</td><td></td></tr>
<tr><td>5. Dépenses à payer. . . . .</td><td>»</td><td>»</td><td>5. Il y avait donc dans la caisse au 31 décembre dernier. . . . .</td><td>741</td><td></td></tr>
<tr><td colspan="3">COMPTE DU TRÉSORIER.</td><td>6. Reliquat du compte du Trésorier, immédiatement versé dans la caisse . . . . .</td><td>18</td><td></td></tr>
<tr><td colspan="3">RECETTES.   f.   c.</td><td>7. D'où il résulte que l'en-caisse en fin d'exercice est de. . . . .</td><td>760</td><td></td></tr>
<tr><td>1. Recettes effectuées pour le compte de la Fabrique . . . . . . 3,282 60</td><td>3,752</td><td>60</td><td>8. Il y avait en caisse au commencement de l'exercice . . . .</td><td>628</td><td></td></tr>
<tr><td>2. Sommes extraites de la caisse de la Fabrique pendant l'exercice (Nᵒˢ 9 et 23 du journal) . . . . . 470 »</td><td></td><td></td><td rowspan="3">9. Différence en { plus dans la caisse. . . .
              { moins dans la caisse . . .</td><td rowspan="3">131</td><td rowspan="3"></td></tr>
<tr><td colspan="3">DÉPENSES.</td></tr>
<tr><td>3. Dépenses payées pour le compte de la Fabrique. . . . . . . 3,151 »</td><td>3,734</td><td>25</td></tr>
<tr><td>4. Sommes versées dans la caisse de la Fabrique pendant l'exercice (Nᵛˢ 11, 27 et 43 du journal). . . . 583 25</td><td></td><td></td><td></td><td></td><td></td></tr>
<tr><td>5. Reliquat entre les mains du Trésorier. . . . .</td><td>18</td><td>35</td><td></td><td></td><td></td></tr>
</table>

Du compte ci-dessus dressé par moi, Trésorier soussigné, pour être communiqué au Bureau des Marguilliers et soumis à l'examen du conseil, il résulte que (11).

Les Recettes effectuées s'élèvent à *trois mille deux cent quatre-vingt-deux francs soixante centimes*, ci. . .	3282 f. 60 c.		Les sommes extraites de la caisse, à *quatre cent soixante-dix francs*, ci. . . . , ...	470 f.
Les Dépenses payées, à *trois mille cent cinquante-et-un francs*, ci. .	3151 00		Les sommes versées dans la caisse, à *cinq cent quatre-vingt trois francs vingt-cinq centimes*, ci. . . .	583
Les Recettes à effectuer, à *quarante-et-un francs*, ci. .	41 00		Le Reliquat dont je suis redevable à la Fabrique, à *dix-huit francs trente-cinq centimes*, ci.	18
Les Dépenses à payer, à *rien*, ci.	0 00			

Fait et signé le premier mars 1847.   ROYER, Trésorier.

Nous, Membres du Bureau des Marguilliers, soussignés, vu le compte ci-dessus présenté par le Trésorier et appuyé des pièces justificatives, l'avons vérifié, et ayant reconnu que le Trésorier était reliquataire de la somme de *dix-huit francs trente-cinq centimes*, qu'il nous a représentée, a immédiatement versé cette somme dans la caisse à trois clefs, dont nous avons ensuite établi la situation telle qu'elle résulte du présent compte et de nos vérifications. — L'en-caisse en fin d'exercice a été trouvé de *sept cent soixante francs dix centimes*, lequel comparé avec l'en-caisse au commencement de l'exercice donne une différence égale à celle qui existe entre les recettes effectuées et les dépenses payées, ainsi que cela doit et que le fait voir le Compte de Caisse ci-dessus dressé par nous (12).—Fait et signé en séance, le *sept* mars 1847 (*Signatures des Membres du Bureau*).

Nous, Membres du Conseil de Fabrique soussignés, vu le présent compte et les pièces produites à l'appui, l'avons examiné; et, vérification du tout, en avons réglé (12) :

Les recettes effectuées, à *trois mille deux cent quatre-vingt-deux francs soixante centimes*, ci.	3282 f. 60 c.		Les Recettes à effectuer, à *quarante-et un francs*, ci. .	41 f.
Les Dépenses payées, à *trois mille cent cinquante-et-un fr.*	3151 00		Les Dépenses à payer, à *rien*, ci.	0

L'en-caisse en fin d'exercice, à *sept cent soixante fr. dix cent.*, lequel formera le 1ᵉʳ article du compte de caisse de l'exercice suivant, ci.   760

D'où il résulte entre l'en-caisse en fin d'exercice et celui du commencement de l'exercice la même différence qu'entre les recettes effectuées et dépenses payées. En conséquence et sauf recouvrement des arrérages, donnons, tant au Trésorier qu'au Bureau des Marguilliers, chacun en ce qui le concerne, décharge de leur gestion de 1846, sans préjudice de rectification, s'il y a lieu, pour erreurs, omissions, faux ou doubles emplois.

Fait et signé en séance, le onze avril 1847.   (Signatures des Membres du Conseil.)

Trésorier. — Art. 4. Cet article est la différence qui existe entre les articles 2 et 3. Cette différence est en PLUS et doit s'AJOUTER à l'article 1ᵉʳ, si, pendant l'exercice, il y a eu plus d'argent versé dans la caisse qu'il n'y en a eu d'extrait; dans le cas contraire, cette différence est en MOINS et doit se SOUSTRAIRE de l'article 1ᵉʳ. Le résultat de cette addition ou de cette soustraction forme l'article 5. — Art. 5. Cet article est le résultat de l'addition ou de la soustraction dont il vient d'être parlé. — Quand, dans le cours de l'exercice, le bureau voudra vérifier l'ÉTAT DE LA CAISSE, il fera un calcul semblable à celui de ces cinq premiers articles et en comparera le résultat avec l'argent qui se trouvera en caisse; et, pour connaître la SITUATION FINANCIÈRE de la Fabrique, il lui suffira d'additionner l'Encaisse avec ce que le Trésorier aurait entre les mains. — Art. 6. Cet article est le même que l'article 5 du compte du Trésorier. — En soldant de la sorte chaque année le compte du Trésorier et par suite le compte de l'exercice, on n'a pas à faire figurer dans le COMPTE DE L'EXERCICE le Reliquat laissé par l'exercice précédent, et de cette manière le compte annuel de l'exercice représente plus fidèlement et plus clairement le montant des recettes et des dépenses propres à l'exercice qu'il concerne. Art.—7. Cet article, qui exprime la SITUATION FINANCIÈRE de la Fabrique à la fin de l'exercice, s'obtient par l'addition des articles 5 et 6, et doit former le 1ᵉʳ article du compte de caisse de l'année suivante. C'est par cet article que se rattachent l'un à l'autre les comptes de deux années consécutives. — Cet Encaisse est entièrement indépendant des versements et retraits de fonds propres à l'exercice courant; aussi faut-il éviter autant que possible, dans les deux premiers mois de l'année, de faire de ces mouvements de fonds autres que ceux qui ont rapport à l'exercice écoulé dont on établit le compte. — Art. 8. Cet article est le même que l'article 1ᵉʳ, qui n'est répété ici que pour faire ressortir la différence entre l'Encaisse du commencement et celui de la fin de l'exercice—Art. 9. Cet article doit être semblable à l'article 3 du compte de l'exercice. Cette corrélation entre le COMPTE DE L'EXERCICE et le COMPTE DE LA CAISSE offre un moyen facile de contrôler l'un par l'autre.

(11) Le montant des sommes doit être écrit en toutes lettres, puis en chiffres.

(12) Les Fabriques qui n'auraient pas encore établi leur caisse à trois clefs distincte de celle du Trésorier ne sont pas pour cela dispensées de dresser le compte DE LA CAISSE. Elles sont considérées comme ayant constitué leur Trésorier lui-même CAISSIER en le rendant dépositaire responsable de la caisse; au moyen de quoi le règlement des comptes se fait sans qu'il y ait rien à changer aux formules. — Le Trésorier, qui, à l'époque de la vérification de son compte par le Bureau, se trouve comme tel, reliquataire d'une certaine somme, est supposé verser immédiatement ce Reliquat dans la caisse de la Fabrique et dès lors ne plus rien devoir comme Trésorier; mais ce qu'il ne doit plus comme TRÉSORIER, il le doit comme CAISSIER, ce qui, au fond, revient au même. — Pour les Fabriques qui sont dans ce cas, l'article compte particulier du Trésorier porte nécessairement zéro. Quant à l'article même compte, nous conseillons d'y porter le Reliquat provenant du dernier compte et formant l'Encaisse du commencement de l'exercice, ce que l'on peut faire sans que cela donne lieu à aucune erreur, parce que le comptable étant à la fois TRÉSORIER et CAISSIER, en se chargeant de cette somme comme Trésorier, il s'en décharge comme Caissier, ainsi que cela résulte de l'article 2 du compte de caisse, lequel est tout le même que l'article 2 du compte du Trésorier. — En opérant de la sorte, ces Fabriques auront le même chiffre dans les articles 1, 2, 4 et 8 du compte de caisse, zéro dans les articles 3 et 5; d'où il résultera que les articles 6 et 7 seront semblables et porteront l'un et l'autre le même chiffre que l'article 5 du compte du Trésorier, comme on le voit dans le *Résumé* à la page suivante. Ces remarques sont plus suffisantes pour diriger sûrement les comptables dans leurs opérations.

RÉSUMÉ *(Voir la note 12 du compte, p. 64).*

COMPTE DE L'EXERCICE.

	f.	c.
1. Recettes effectuées	3 282	60
2. Dépenses payées.	3 151	»
3. Différence en { excédant	131	60
{ déficit	»	»
4. Recettes à effectuer	44	25
5. Dépenses à payer.	»	»

COMPTE DU TRÉSORIER.

RECETTES.

1. Recettes effectuées pour le compte de la de la Fabrique. 3,282 60	3,911	10
2. Sommes extraites de la caisse de la Fabrique pendant l'exercice (Numéros 9 et 23 du journal). 628 50		

DÉPENSES.

3. Dépenses payées pour le compte de la Fabrique. . . . . 3,151 »	3,151	»
4. Sommes versées dans la caisse de la Fabrique pendant l'exercice (numéros 11, 26 et 42 du journal) . . . . » »		
5. Reliquat entre les mains du Trésorier	760	10

COMPTE DE LA CAISSE.

Ou état de situation de la caisse de la Fabrique à la clôture de l'exercice, dressé par le Bureau des Marguilliers.

	f.	c.
1. En caisse au commencement de l'exercice.	628	50
2. Sommes extraites de la caisse de la Fabrique pendant l'exercice. 628 50		
3. Sommes versées dans la caisse de la Fabrique pendant l'exercice. . . . . » »		
4. Différence en { plus dans la caisse. . , . » »	628	50
{ moins dans la caisse. . . 628 50		
5. Il y avait donc dans la caisse au 31 décembre dernier.	»	»
6. Reliquat du compte du Trésorier, immédiatement versé dans la caisse.	760	10
7. D'où il résulte que l'en-caisse en fin d'exercice est de.	760	10
8. Il y avait en caisse au commencement de l'exercice	628	50
9. Différence en { plus dans la caisse.	131	60
{ moins dans la caisse.	»	»

MUTATION DE TRÉSORIER DANS LE COURS D'UN EXERCICE

ET REMISE DU SERVICE AU SUCCESSEUR.

BORDEREAU *de situation du Trésorier sortant de fonctions.*

(Nous supposons dans ce modèle que la mutation de Trésorier a lieu le 3 mai 1846, époque à laquelle la Recette de la Fabrique est de 6 fr., les sommes extraites de la Caisse à trois clefs de 250 fr., la Dépense acquittée de 1247 fr. 25 cent., et les sommes versées dans la isse à trois clefs de 120 fr.).

at des Recettes et Dépenses faites par le Trésorier soussigné, depuis le commencement de l'exercice courant jusqu'à ce jour, 3 mai 1846.

Recette.

La recette faite par le Trésorier pour le compte de la Fabrique s'élève à *quatorze cent vingt-six francs,* ci. .	1426	»
Les sommes extraites de la Caisse à trois clefs et remises au Trésorier, à *deux cent cinquante francs,* ci. . .	250	»
La recette totale dont le Trésorier est comptable envers la fabrique, à *seize cent soixante-seize francs,* ci. .	1676	»

Dépense.

La dépense acquittée pour le compte de la Fabrique, à *douze cent quarante-sept francs vingt-cinq centimes,* ci.	1247	25
Les sommes versées dans la Caisse à trois clefs, à *cent vingt francs,* ci.	120	»
La dépense totale dont la Fabr. doit tenir compte au Trésorier, à *treize cent soixante-sept fr. vingt-cinq c.,* ci.	1367	25

Reliquat.

Il reste entre les mains du Trésorier *trois cent huit francs soixante-quinze centimes,* ci.	308	75

Le tout certifié véritable et conforme aux écritures du comptable et aux pièces justificatives produites à l'appui.

Le 3 mai 1846.

(Signature du Trésorier sortant de fonctions).

Vu, vérifié et arrêté par nous, Marguilliers soussignés, l'État ci-dessus, duquel il résulte qu'au sortir de charge, le comptable est reliquataire de la somme de *trois cent huit francs soixante-quinze centimes,* qu'il nous a représentée et qui a été, nsi qu'une des trois clefs de la caisse, immédiatement remise au nouveau Trésorier avec les registres, livres, états, bordeaux, tarifs, pièces justificatives et autres titres et papiers déposés par le Trésorier sortant de fonctions, et dont l'inventaire ressé par Nous a été signé par le Rendant et par son successeur, qui prend le tout en charge.—Fait et signé séance tenante 3 mai 1846.

(Signatures du Trésorier sortant de fonctions, du Trésorier entrant en fonctions et des autres Membres du Bureau).

NOTA. Au lieu de faire verser le reliquat dans la Caisse à trois clefs, comme à la fin de l'exercice, nous proposons de le remettre au nouveau Trésorier, qui en prend charge et peut de la sorte continuer la gestion de son prédécesseur et rendre en fin d'exercice un compte nique pour l'exercice tout entier, absolument comme s'il n'y avait pas eu de mutation de Trésorier. C'est le parti qu'il faut suivre, comme ant le plus simple, toutes les fois que le bordereau de situation du Trésorier sortant et le procès-verbal de la remise du service ne constant aucune irrégularité ou négligence dans la gestion de ce comptable.

INVENTAIRE *des Registres, Titres et Papiers remis au Bureau des Marguilliers par le sieur N.*
Trésorier, au sortir de charge.

Nᵒˢ d'ordre.	DÉSIGNATION DES OBJETS.	Nombre de PIÈCE
1	Le registre courant du Trésorier contenant le journal des recettes et celui des dépenses depuis 1840.	1
2	Le registre courant de perception du prix des places de banc, commencé en 1845.	1
3	Le registre courant de perception des droits casuels de la Fabrique, commencé en 1840.	1
4	Le registre courant du produit des quêtes, commencé en 1840.	1
5	Le registre courant des bordereaux trimestriels des recettes et dépenses, commencé en 1843.	1
6	Le registre courant de la correspondance du Trésorier, commencé en 1830.	1
7	L'analyse des titres de créance dressée en 1843, 1 feuille.	1
8	Les états annuels des revenus fixes de la Fabrique de 1844, 1845 et 1846, 3 feuilles.	3
9	Le tarif des droits casuels de la Fabrique, 1 feuille.	1
10	Une expédition de chacun des budgets de 1844, 1845 et 1846, 3 feuilles.	3
11	Une expédition de chacun des comptes de 1843, 1844 et 1845, 3 feuilles.	3
12	Une expédition de chacun des procès-verbaux d'adjudication des places vacantes louées en 1843, 1844 et 1845, 3 feuilles.	3
13	Le bordereau des contributions de la Fabrique pour 1846, 1 feuille.	1
14	Une liasse contenant 24 pièces justificatives des dépenses acquittées de 1846, dont 14 mandats de payement une quittance à talon du percepteur des contributions, 3 mémoires d'ouvriers et 6 factures de marchands, chacune de ces pièces paraphées par le Président du Bureau, *ne varietur*.	24
15	Un exemplaire de la comptabilité des Fabriques.	1
16	Plan parcellaire des immeubles de la Fabrique dressé en 1845.	1
17	Plan de l'église, du cimetière et du presbytère dressé en 1845.	1
18	Carte topographique de la paroisse dressée en 1843.	1
	Total du nombre des pièces.	49

Les objets ci-dessus énumérés, excepté ceux indiqués aux Nᵒˢ 16, 17 et 18, qui ont été réintégrés dans l'armoire à trois clefs, ont été remis au nouveau Trésorier, qui en prend charge. — Fait et signé en séance le 3 mai 1846.

(Signatures du Trésorier sortant de fonctions, du Trésorier entrant en fonctions et des autres Membres du Bureau).

NOTA. 1º Le règlement de 1809 sur les Fabriques ne dit pas d'une manière expresse que l'élection du Trésorier devra nécessairement se faire tous les ans, bien que cela semble résulter tant du renouvellement partiel du Bureau chaque année que des dispositions de l'article 88. Quoiqu'il paraisse désirable que les mutations de Trésorier ne soient pas trop fréquentes, nous pensons qu'un trésorier ne peut exercer plus de trois ans consécutifs sans une nouvelle élection du Bureau ; car, en supposant qu'il ait été élu Trésorier en entrant dans le Bureau, il en sort de droit après trois ans et ne peut y rester qu'au moyen d'une réélection par le Conseil : or il est réélu par le Conseil, non comme Trésorier, mais comme simple Marguillier ; un nouveau mandat du Bureau lui est donc alors nécessaire pour continuer les fonctions de Trésorier.

2º Nous engageons les Fabriques à se procurer une boîte ou un carton à l'usage du Trésorier, qui devra y déposer tous les papiers relatifs à sa gestion, autres que les registres reliés d'un trop grand format. Cette précaution est nécessaire pour conserver ces papiers toujours en ordre, et souvent même pour en prévenir la perte.

— ⊷∘⊶∘◉∘⊷∘⊶ —

QUATRIÈME PARTIE.

SUPPLÉMENT.

—o—

OBSERVATIONS

SUR LES MANDATS DE PAYEMENT DES TRAITEMENTS ÉCCLÉSIASTIQUES.

Les mandats de payement pour les *traitements de* MM. *les vicaires-généraux, chanoines, Curés* et *desservants*, ainsi que pour *l'indemnité de 350 francs* accordée à MM. *les vicaires,* se délivrent *par trimestre,* dans les mois d'avril, juillet, octobre et janvier, d'après des états dressés à l'évêché. Les mandats de payement pour indemnité de *binage* se délivrent *par semestre* dans les mois de juillet et de janvier, d'après des états également dressés à l'évêché. Ces états eux-mêmes sont dressés, les premiers d'après les procès-verbaux des installations qui ont eu lieu dans le cours du trimestre, et les seconds d'après les certificats des binages exercés dans le cours du semestre. Ces états, ainsi que les pièces à l'appui, sont transmis à la préfecture, les premiers à l'expiration de chaque trimestre, et les seconds à l'expiration de chaque semestre. Le retard dans l'envoi à l'évêché d'un seul procès-verbal d'installation (1), comme d'un seul certificat de binage, pourrait empêcher la confection de ces états, en arrêter l'expédition à la préfecture, et par suite retarder la délivrance des mandats pour tout le diocèse, malgré la ponctualité que l'administration voudrait elle-même y apporter. Cette considération suffira sans doute pour déterminer MM. les marguilliers, ainsi que MM. les Curés de canton, à remplir avec exactitude la formalité qu'exigent d'eux l'ordonnance du 13 mars 1832, et l'instruction ministérielle du 20 juin 1827.

Le *double service* qui donne droit à l'indemnité de binage est celui qui est exercé par *un curé, un desservant* ou *un vicaire de curé* dans *une succursale vacante :* ainsi le double service exercé dans *une cure* vacante ne donne pas droit à l'indemnité ; et celui exercé dans une succursale vacante par un *vicaire de desservant,* ne donne droit à l'indemnité qu'en faveur du desservant lui-même, au nom duquel doivent être délivrés le certificat de binage et le mandat de payement.

Aux termes des instructions ministérielles des 10 janvier 1826, 29 novembre 1830, 2 avril et 31 juillet 1832, les mandats de payements doivent être adressés à MM. les ecclésiastiques par le préfet ou sous-préfet, directement, et non par l'intermédiaire du maire, leur parvenir franc de port par la poste, et être acquittés par le percepteur communal.

<table>
<tr><td>

CANTON

d

—o—

PAROISSE

d

————

PRISE
DE POSSESSION
de M. N.

════════

DATE
DE LA PRISE
DE POSSESSION.

</td><td>

PROCÈS-VERBAL DE PRISE DE POSSESSION D'UN CURÉ (2).

L'an de grâce mil huit cent trente. . . . . . le. . . . ., le bureau des marguilliers de l'église St. . . . . . de. . . . . dûment convoqué et réuni dans le lieu ordinaire de ses séances, étaient présents MM. N. . . . N. . . . N. . . . . N. . . . .

M. N. . . ., nommé par monseigneur l'Evêque de N. . . . Curé de cette paroisse, a invité le bureau à constater l'époque de sa prise de possession. Le bureau, faisant droit à la demande, déclare que M. N. . . . a pris possession en sa qualité de Curé de cette paroisse, le (*la date et le millésime en toutes lettres*). . . . et arrête qu'aux termes de l'ordonnance du 13 mars 1832, il sera fait deux expéditions du procès-verbal de la séance pour être transmises à monseigneur l'évêque et à monsieur le préfet.

Fait et signé en séance, les jour, mois et an ci-dessus. (*Signatures*).

</td></tr>
<tr><td>

CANTON

d

—o—

PAROISSE

d

————

INSTALLATION
de M. N.

════════

DATE
de
L'INSTALLATION.

</td><td>

PROCÈS-VERBAL D'INSTALLATION D'UN DESSERVANT (2).

L'an mil huit cent trente. . . . . . le. . . . . ., le bureau des marguilliers de l'église St. . . . . de. . . . dûment convoqué et réuni dans le lieu ordinaire de ses séances, étaient présents MM. N. . . . N. . . . N. . . . .

M. N. . . ., nommé par monseigneur l'Evêque de N. . . . desservant de cette paroisse, a invité le bureau à constater l'époque de son installation. Le bureau, faisant droit à la demande, déclare que M. N. . . . a été installé en sa qualité de desservant de cette paroisse, le (*la date et le millésime en toutes lettres*). . . . . . et arrête qu'aux termes de l'ordonnance du 13 mars 1832, il sera fait deux expéditions du procès-verbal de la séance pour être transmises à monseigneur l'évêque et à monsieur le préfet.

Fait et signé en séance, les jour, mois et an ci-dessus. (*Signatures*.)

</td></tr>
</table>

(1) Nous parlons ici du procès-verbal exigé du Bureau des Marguilliers par l'ordonnance du 13 mars 1832, pour constater l'époque de l'installation. Il ne faut pas confondre ce procès-verbal avec celui qui doit être dressé sur le *registre de paroisse* par l'Ecclésiastique qui a présidé à l'installation.

(2) Le procès-verbal est écrit sur le Registre des délibérations, et les expéditions sont délivrées sur papier libre. Ces expéditions doivent être certifiées conformes par le Secrétaire du Bureau et envoyées toutes deux sans retard à l'Evêché.

<table>
<tr><td>

CANTON

d ———◦———

PAROISSE

d ————

ENTRÉE
EN FONCTIONS
de M. N.

————

DATE DE L'ENTRÉE
EN FONCTIONS.

————

</td><td>

PROCÈS-VERBAL D'ENTRÉE EN FONCTIONS D'UN VICAIRE (1).

L'an de grâce mil huit cent trente. . . . . le. . . . ., le bureau des marguilliers de l'église St. . . . . de. . . . . dûment convoqué et réuni dans le lieu ordinaire de ses séances, étaient présents MM. N. . . . N. . . . N. . . . N. . . .

M. le Curé a invité le bureau à constater l'époque de l'entrée en fonctions de M. N. . . . ., nommé par monseigneur l'Evêque de N. . . . vicaire de cette paroisse. Le bureau, faisant droit à la demande, déclare que M. N. . . est entré en fonctions en sa qualité de vicaire de cette paroisse le (*la date et le millésime en toutes lettres*). . . ., et arrête qu'aux termes de l'ordonnance du 13 mars 1832, il sera fait deux expéditions du procès-verbal de la séance pour être transmises à monseigneur l'évêque et à monsieur le préfet.

Fait et signé en séance, les jour, mois et an ci-dessus. (*Signatures*).

</td></tr>
</table>

<table>
<tr><td>

CANTON

d ————

PAROISSE

d ————

DURÉE DU BINAGE.

———

du

au

</td><td>

CERTIFICAT DE BINAGE (2).

Je soussigné N. . . . ., Curé de la paroisse de. . . . ., canton de. . . . ., arrondissement de. . . . . . .,certifie que M. . . . . . .,de la paroisse de. . . . . ., a célébré régulièrement la messe une fois par semaine dans l'église succursale vacante de. . . . . ., a donné les instructions religieuses et administré les sacrements dans cette dernière paroisse à partir du (*la date et le millésime en toutes lettres*). . . . jusqu'au. . . . de la même année.

A. . . . . . ., le. . . . . . . (*Signature*).

</td></tr>
</table>

INSTRUCTION PRATIQUE SUR LA COMPTABILITÉ DES FABRIQUES

PUBLIÉE SOUS L'ÉPISCOPAT DE MGR DE MONTMORIN DE ST.-HÉREM, ÉVÊQUE DE LANGRES.

———◦◦◦———

§ 1er. *Manière de dresser les Comptes de Fabrique.*

I. Obligation de rendre les comptes de fabrique. — Un procureur-fabricien porte dans son nom même de *procureur,* l'obligation de rendre un compte exact et fidèle des deniers dont l'église lui a confié l'administration. C'est un dépositaire dont la plus étroite obligation est de conserver et de remettre avec fidélité ce qui lui reste des deniers qui lui sont confiés, après les dépenses qu'il a été chargé de faire, sans en avoir rien diverti à son propre usage, même avec le dessein de le rétablir, ni à aucun autre emploi, quelqu'il puisse être.

La nature de ces biens est un titre qui rend cette obligation encore plus indispensable. Ce sont des biens consacrés à Dieu, auxquels on ne peut toucher sans une espèce de sacrilège, dont il est comptable à l'Église, et dont il faudra un jour rendre compte à Dieu même.

C'est du bon emploi de ces revenus et du compte exact qu'on en rend, que dépend principalement l'ornement de la maison de Dieu, la décence de son culte et l'édification des fidèles. C'est pour toutes ces raisons que toutes les lois ecclésiastiques et civiles (3) ordonnent très-rigoureusement que les comptes des Fabriques soient exactement rendus par-devant le supérieur ecclésiastique et en présence de la société des fidèles, et qu'elles en marquent avec soin les principales circonstances.

II. Ordre de suivre le présent modèle. — Comme monseigneur l'Évêque est persuadé que ce qui empêche le plus souvent que ces comptes ne soient rendus aussi exactement qu'il serait à souhaiter ; c'est l'embarras où se trouvent souvent les procureurs-fabriciens sur la manière de les rendre ; il a jugé à propos d'en faire dresser un modèle, auquel il enjoint à MM. les curés et desservants, et aux vicaires qui desservent dans les annexes, d'avertir les procureurs-fabriciens de se conformer ; défendant à tous ceux qui recevront les comptes, soit par commission de sa part ou autrement, d'en recevoir qui ne soient dressés suivant le présent modèle.

---

(1) Le procès-verbal est écrit sur le Registre des délibérations, et les expéditions sont délivrées sur papier libre. Ces expéditions doivent être certifiées conformes par le Secrétaire du Bureau et envoyées sans retard, toutes deux à l'Evêché.
(2) Ce certificat doit être délivré par le Curé ou par le Desservant du canton que l'Evêque en a chargé. Il peut être daté du 30 juin ou du 31 décembre, et doit être adressé à l'évêché au plus tard le 1er juillet et le 1er janvier.
(3) *Concile de Trente*, Session 22. — *De la Réforme.* chapitre IX. — *Statuts de Langres de 1622*, art. 19. — *Statuts de Langres de 1679*, art. 30. — *Édit de Melun*, art. 9. — *Édit de 1679*, art. 17.

III. Rendre les comptes tous les ans. — Les saints canons et statuts du diocèse, appuyés des ordonnances du royaume, prescrivant distinctement que les comptes des Fabriques soient rendus tous les ans, monseigneur l'Évêque est résolu de les faire observer spécialement en ce point : et il charge expressément MM. les Curés et vicaires d'y veiller, soit en les faisant préparer afin de les rendre devant ceux qui feront les visites, soit à défaut de visites, pour les faire rendre par devant eux-mêmes, en présence des paroissiens, dans les six mois au plus tard après l'année expirée.

IV. Commencer les comptes au 1er janvier. — Sa grandeur souhaite de plus, pour l'uniformité et la netteté, et pour empêcher l'équivoque et l'incertitude à l'égard des dates et des termes des échéances, qu'on prenne des arrangements dans chaque paroisse, pour que les comptes des procureurs-fabriciens commencent tous au 1er janvier et finissent au dernier décembre de chaque année.

V. Ce que doit comprendre la recette. — La recette, comme on le voit dans le modèle, n'est pas seulement l'état des sommes qu'on a reçues, mais l'état de tout ce qui était dû à la Fabrique et qui lui revenait à quelque titre que ce fût, soit d'anciens dûs ou des revenus courants, des revenus fixes ou casuels, ordinaires ou extraordinaires, pendant le temps de la gestion. Telle est la nature d'un compte qu'un tuteur rend à son pupille ; ce qui n'empêche pas que le rendant n'exprime qu'il a reçu, lorsqu'il a reçu, et qu'il n'a pas reçu, lors qu'effectivement il n'a pas reçu.

VI. Division de la recette et de la dépense en plusieurs chapitres. — On partage soit la recette, soit la dépense en plusieurs chapitres, suivant les différentes espèces de revenus et de dépenses, pour la clarté du compte et la commodité, tant de celui qui le prépare, que de ceux qui doivent l'entendre. On en peut faire un plus grand ou un moindre nombre, selon la quantité et qualité des revenus et des dépenses dans chaque Fabrique, en en divisant ou réunissant plusieurs de ceux qu'on voit dans le modèle. Mais le nombre, une fois fixé dans une paroisse, doit demeurer le même dans tous les comptes, quand même, dans une année, il ne se trouverait aucune somme à porter dans un tel chapitre : on y marque, en ce cas, la raison pourquoi on n'y porte rien ; et au lieu des sommes en chiffres hors ligne à la marge, on y met le mot *Mémoire*.

VII. Garder toujours le même ordre, et ne passer aucun article ordinaire. — On ne doit pas changer l'ordre des chapitres ni des articles de chaque chapitre, soit de la recette ou de la dépense ; ni omettre aucun article de la recette de la dépense ordinaire, sans en faire mention pour *mémoire,* comme on a dit pour les chapitres ; on ajoute les articles de recette ou de dépense qui ne sont pas indiqués dans le modèle et qui se trouvent avoir lieu dans une fabrique ; on tâche de les mettre dans le rang qui leur convient ; et ce rang, une fois déterminé, ne doit pas être changé ; on retranche, par la même raison, les articles du modèle qui n'auraient pas lieu dans une telle fabrique.

VIII. Ce qu'il faut exprimer et coter particulièrement à chaque article. — On doit avoir une attention particulière à exprimer, autant qu'il est possible, dans chaque article, ce qu'on voit y être désigné dans le modèle ; les baux, les contrats, les titres nouveaux, les noms des personnes, les dates, les échéances, les mémoires, les quittances, etc., à remplir les blancs de ce qui convient, qui sont principalement les noms des personnes et des lieux, marqués ordinairement par N..., les dates, les sommes, etc. ; à faire les changements nécessaires et convenables, relativement au compte que l'on dresse.

IX. Forme du papier. — On doit laisser deux marges, une de chaque côté, du quart au moins du papier, comme on le voit dans le modèle. On ne doit rien écrire sur la première, pas même pour une omission ou un mot renvoyé ; elle est réservée pour écrire les apostilles lors de l'examen du compte. On n'écrit plus sur la seconde, après qu'on a commencé à y placer en chiffres des sommes qui doivent être assemblées avec les suivantes en faisant le calcul.

On laisse aussi de l'espace à la fin de chaque chapitre, pour y ajouter quatre ou cinq lignes en cas de besoin ; et un peu plus à la fin de toute la recette et de toute la dépense.

X. Ne pas marquer les totaux. — On ne marque point les totaux à la fin des chapitres ni au bas des pages, ni dans la récapitulation ; cela est réservé à ceux qui recevront et arrêteront le compte ; on peut seulement les marquer en petits chiffres, non pas à la marge, mais sous la dernière ligne de chaque page et chapitre.

XI. Livre ou registre en grand papier pour les comptes. — Tous les comptes seront successivement écrits au net, à la suite l'un de l'autre, sur un registre relié, destiné à cet usage, et qui sera conservé dans le coffre avec les autres papiers de la Fabrique ; il doit être en grand papier de trois à quatre cents pages, coté et paraphé à la première et à la dernière par le Curé ou desservant, dans la forme des registres de baptêmes et mariages ; mais par pages plutôt que par feuillets. Chaque compte commencera par le haut d'une page ou par un feuillet, sauf à barrer ce qui resterait de blanc à la page précédente.

XII. Moyens pour rendre facilement les comptes de fabriques. — Pour se mettre en état de dresser facilement son compte d'une manière claire et sûre, et suivant le présent modèle, le procureur-fabricien doit avoir à son usage un manuel ou registre de grosseur suffisante et où les pages soient marquées, pour y écrire au fur et à mesure ce qu'il reçoit et ce qu'il dépense. Un côté est destiné pour la recette et l'autre pour la dépense ; ou bien il est partagé en deux du même côté. Tous les articles de recette sont marqués et intitulés de suite, et ceux de la dépense de même : une page ou un feuillet, destiné pour chacun, dans l'ordre où ils doivent être placés dans le compte. Il écrit au bas de chacun ce qu'il reçoit ou ce qu'il dépense, qui y a rapport.

XIII. De cette sorte, son compte se trouve à moitié préparé et presque tout fait, lorsqu'il est question de le mettre en ordre et de le dresser ; il n'a presque plus alors qu'à transcrire, il voit tout d'un coup ce qu'il avait à recevoir et ce qu'il n'a pas reçu, ce qu'il avait à payer et ce qu'il n'a pas payé. Il doit avoir ses quittances ; il doit en tirer autant qu'il est possible, de tout ce qu'il paie. Comme il est obligé de faire ses diligences pour recevoir et recouvrer tout ce qui est dû et tout ce qui revient à la Fabrique, il est aussi tenu de satisfaire à tout ce qu'elle peut devoir pendant le temps de sa gestion ; il met ses quittances en ordre ; il les cote par 1, 2, 3, etc., selon le rang où il doit les citer dans son compte ; il les cite avec leur cote ; et, au défaut de quittances, il cite ses mémoires contenus dans son manuel à la page qu'il indique ; le tout comme on le voit dans le modèle.

XIV. Rien d'extraordinaire sans avis ou même sans permission. — Il doit savoir au reste qu'il ne doit rien faire d'extraordinaire de son chef, sans l'avis de M. le Curé ; quelquefois des principaux habitants ; et dans les affaires délicates et plus importantes, sans l'autorité de monseigneur l'Évêque, notamment pour entreprendre ou soutenir des procès ; pour placer des deniers à rente, pour des achats ou réparations extraordinaires de meubles et ornements de l'église. Quant aux réparations du chœur, de la nef, du clocher, des cloches, du cimetière, elles ne regardent pas la Fabrique (1).

(Suit le modèle d'un compte, que nous ne reproduisons pas ici).

§ 2. *Manière d'entendre et d'arrêter les comptes des Fabriques.*

MM. les Curés et vicaires desservant des paroisses, étant chargés d'entendre et d'arrêter les comptes de leurs Fabriques, lorsqu'il ne se fait pas de visites à cet effet, il est nécessaire que tous sachent la manière dont les comptes de Fabriques doivent être rendus et arrêtés. Les présents avis leur serviront à ce sujet :

I. Annonce à faire, jour et heure. — S'il n'y a pas de visites annoncées de la part des supérieurs, dans les six mois au plus tard, après l'expiration de l'année du comptable, les Curés ou vicaires feront rendre les comptes par-devant eux. L'annonce doit en être faite du moins quinze jours auparavant, on la renouvelle le jour même ou le dimanche précédent au prône. On choisit pour la plus grande commodité un jour de dimanche ou fête après les vêpres.

II. Lieu et rang. — L'assemblée se tient dans le presbytère, non en auditoire, ni ailleurs, à moins qu'il n'y eût un banc de l'œuvre dans l'église, ou une maison dépendante de la Fabrique destinée à cet usage. Les officiers de justice y tiennent le premier rang et sont nommés les premiers après le Curé ou desservant, mais par honneur comme principaux habitants seulement et sans juridiction.

III. Examen des articles. — Le rendant est présent pendant qu'on examine son compte. Il explique et donne les éclaircissements nécessaires. Il répond aux difficultés et débats et produit ses pièces justificatives. Après les débats et éclaircissements on écrit l'apostille à la marge vis-à-vis de chaque article selon les avis suivants.

DANS LA RECETTE.

IV. Apostilles à la recette. — Si l'article est bien, on met : *fait bonne recette :* (ou simplement) *bon.*

S'il y a à réformer ou à éclaircir : on réforme ou l'on éclaircit : et on marque le changement et l'éclaircissement à la marge.

Si la somme elle-même, mise en ligne de compte, n'est pas juste, on la raye : et on substitue la véritable d'abord en toutes lettres par apostille à la première marge, ensuite en chiffres à la seconde marge, pour être comptée lorsqu'on fera le calcul du chapitre.

S'il se trouve un article entier omis : on l'y ajoute dans la place où il doit être, par un renvoi ou autrement.

S'il y a un bail fini ou prêt à expirer, une déclaration à faire donner, une reconnaissance à faire passer, on met en apostille : *le procureur-fabricien en exercice chargé de faire publier incessamment* (ou, dans tel temps) *et de faire un nouveau bail :* (ou) *chargé de faire donner la déclaration* (ou) *de faire faire reconnaissance par-devant notaire.*

Si c'est un principal remboursé, ou un autre argent à placer, on marque à la marge : *il sera pourvu au remploi* (ou) *à l'emploi à la diligence du procureur-fabricien, de concert avec M. le Curé* (ou) *de l'avis de monseigneur l'évêque* (ou) *des supérieurs.*

---

(1) L'ancienne jurisprudence affranchissait les Fabriques de toutes dépenses *majeures* du culte ; mais depuis qu'on se prévaut de cet allégement des charges pour contester aux Fabriques et aux paroisses la propriété même des églises, presbytères et cimetières et susciter mille entraves au ministère pastoral, les Fabriques feront mieux, à notre avis, d'accepter et même de revendiquer ces charges, que de chercher à les décliner, sauf à exercer au besoin leur recours à la commune.

DANS LA DÉPENSE.

V. Apostilles à la dépense. — Si l'article est trouvé comme il faut, on met à la marge *passé* (ou) *alloué, vu la quittance* ou *les quittances,* (lorsqu'il y en a plusieurs pour le même article) (ou) *la grosse du contrat,* (ou autre pièce justificative).

> NOTA. On doit marquer en même temps sur la quittance ou sur les quittances et mémoires ; *vu* (ou) *alloué,* afin qu'il ne puisse pas en être question deux fois.

Si l'article ne doit pas être passé, on le raye, et on écrit à la marge : *néant,* (ou) *rayé;* et on raye en même temps la somme portée en chiffres à la seconde marge pour ne pas la compter en faisant le calcul.

Si c'est un article douteux, sur lequel il y ait contestation, on met en apostille : *sursis jusqu'à ce que le rendant ait justifié* (ou) *rapporté quittance :* (ou) *renvoyé à la décision de monseigneur l'évêque,* et on raye la somme qui était en chiffres à la marge.

S'il manque une quittance ou une pièce justificative jugée nécessaire, et qu'on ne doute pas cependant de l'article on mettra : *passé à charge de rapporter quittance* (ou telle pièce) et on laisse subsister la somme.

Si c'est un article de peu de conséquence, quoiqu'il ne soit pas dans la règle ; il dépendra des circonstances, et surtout de la bonne foi du rendant, de le passer et de mettre : *passé pour cette fois et sans tirer à conséquence.*

Si c'est la somme seulement qui ne soit pas juste dans un article, il faut la réformer comme on a dit pour la recette.

S'il y a d'autres changements, débats, éclaircissements, ou observations nécessaires à écrire, on écrit le tout à la marge autant qu'il est possible : ou on les met à la fin dans l'arrêté.

A un article de frais pour un procès qui n'est pas fini, il est bon de mettre : *passé, sauf à recouvrer, s'il y a lieu, à la fin du procès au profit de la Fabrique.*

VI. Attention particulière aux reprises. — A l'égard des reprises il faut extrêmement y prendre garde. On doit les rayer absolument, et il n'en doit être passé aucune, à moins que le rendant ne justifie qu'il a fait toutes les diligences nécessaires, ou qui ont dépendu de lui, pour être payé.

S'il y en a de légitimes, il faut distinguer : ou elles sont pour cause d'insolvabilité, ou de remise faite au débiteur ; et alors on marque : *passé en non-valeurs et ne sera pas rapporté :* ou ce sont des sommes qui peuvent être recouvrées, comme lorsqu'il y a procès, ou délai accordé ; et alors on écrit pour apostille : *passé, attendu le procès,* ou *le délai accordé, et sera rapporté au prochain compte, et le recouvrement fait à la diligence du procureur-fabricien en exercice.*

VII. Calcul des chapitres. — Après l'examen fait des articles en détail, on fait le calcul des chapitres : on en marque le total au bas de chacun ; on remplit les totaux qui sont laissés en blanc dans la récapitulation. On fait l'addition 1° de ceux de la recette, ensuite de ceux de la dépense ; puis la soustraction ou comparaison de l'une avec l'autre ; et on voit laquelle des deux excède, et à quoi monte l'excédant.

VIII. Quittances à mettre dans le coffre. — On ramasse les quittances et mémoires justificatifs produits par le rendant. On les attache ensemble, pour être placés dans le coffre fort avec une étiquette dessus, marquant que ce sont les *pièces justificatives du compte de N. N... pour l'année* 17....

IX. Examen des registres, états et papiers. — On examine ensuite les différents registres, inventaires, états et papiers, pour voir si tout est dans l'ordre où il doit être, savoir : 1° On vérifie sur le livre des places de l'église si le rendant y a marqué les concessions faites pendant le temps de son compte, et s'il les y a marquées comme il faut.

2° Lorsqu'il y a eu quelques changements dans les titres, dans les revenus ou dans les charges, et notamment dans les fondations ; comme lorsqu'il s'est fait quelques nouveaux titres ou actes, un nouveau bail, une nouvelle fondation, un emploi à rente, ou qu'il s'est fait un remboursement, etc., il faut voir si le rendant les a marqués sur l'inventaire des titres, sur l'état des revenus et des charges, et sur l'état des fondations, selon qu'il convient : ce qui doit être fait également sur tous les doubles ; et si cela n'est pas fait, on le fait.

3° Il faut visiter les titres et papiers qui doivent être dans le coffre, pour s'assurer qu'il n'y en manque point, ou savoir ce qu'ils sont devenus ; ce qui se fait en les vérifiant sur l'inventaire et sur le registre des *récépissés,* qui ne doit point sortir du coffre, et sur lequel doivent se trouver marqués tous les titres qui ne se trouvent pas dans le coffre, par qui, en quel temps et à quelle occasion ils en ont été tirés. S'il en manque quelqu'un, c'est à ceux qui ont la garde des clefs à en répondre. On remet à leurs places ceux que le rendant rétablit ; et on en fait la note à côté de son *récépissé.* S'il demande à en garder quelqu'un dont il ait besoin pour un temps, on le lui laisse et on en fait mention dans l'arrêté.

X. Compte de l'argent du coffre. — Si c'est l'usage dans la paroisse de déposer dans le coffre l'argent des reliquats, ou autres, il est nécessaire que l'argent qui y a été mis, soit compté, pour s'assurer que la somme qui doit y être, s'y trouve.

Il doit à cet effet y avoir un petit registre qui ne sorte point du coffre pour y écrire toutes les sommes qu'on y met et qu'on en tire. On doit les y écrire en toutes lettres et non pas seulement en chiffres, avec la date du jour, du mois et de l'année ; marquer d'où elles proviennent, pourquoi on les tire, et qui est-ce qui les tire.

XI. Lorsque le temps ne permet pas de tout faire. — Si le temps ne permet pas de faire de suite toutes ces opérations dans la même assemblée, on peut en indiquer une autre à un autre jour qu'on détermine, pour continuer et achever ce qu'on n'a pu finir, ou bien l'on nomme deux ou trois personnes seulement pour achever ce qui reste à faire avec M. le Curé, le rendant et le procureur-fabricien en exercice. Dans l'un et l'autre cas on fait toujours l'arrêté de ce qui est fait, et on le signe en faisant réserve de ce qui reste à faire.

XII. Payement du reliquat. — Le compte rendu et arrêté, le reliquat dû doit être compté sur le bureau, comme étant censé reçu par le rendant et un dépôt entre ses mains, auquel il n'a pas dû toucher. Il est remis à l'instant dans le coffre-fort (si c'est l'usage) en le marquant sur le bordereau ou petit registre dont il a été parlé : ou bien il est reçu par le procureur-fabricien en exercice qui en demeure chargé pour le rapporter dans son prochain compte.

Si on lui accorde un délai, il doit être très-court : et on charge expressément par l'arrêté le procureur-fabricien en exercice de le poursuivre pour le forcer à payer au terme fixé ; enfin l'arrêté de compte doit faire mention de tout, et spécialement de la remise faite par le rendant, des clefs, des registres et des autres papiers de la Fabrique et de celui qui en demeure chargé.

Formule d'un arrêté de compte de Fabrique.

Vu, examiné et calculé le présent compte : la recette tant ordinaire qu'extraordinaire, y compris le reliquat du compte précédent et les anciens dûs, monte à la somme de (*l'écrire en toutes lettres*).

La dépense tant ordinaire qu'extraordinaire monte à la somme de (*en toutes lettres*).

Partant la recette excède la dépense de la somme de (*en toutes lettres*) que le rendant a présentement comptée sur le bureau, et dont il demeure quitte et déchargé.

Laquelle somme de (*il faut la répéter*) a été à l'instant déposée dans le coffre-fort et inscrite sur le bordereau ou registre du dépôt ; et les quittances du présent compte ont été mises dans le coffre.

Ledit rendant a, en même temps, remis sur le bureau les clefs, les registres, états et inventaires et *tel et tel* titre ou papier de la Fabrique, affirmant que c'était tout ce qu'il avait entre les mains, demandant que ses *récépissés* soient déchargés sur le registre, ce qui a été fait, et lesdites clefs, registres et papiers ont été reçus par N... procureur-fabricien, qui en demeure chargé, à la réserve de la clef du coffre-fort que ledit N... a refusé de recevoir jusqu'à ce que les titres dudit coffre aient été vérifiés et l'argent compté.

Et attendu que le temps ne permet pas de prolonger davantage la présente assemblée, nous avons nommé N. N. N. N. pour vérifier incessamment et le plus tôt qu'il sera possible, avec M. le Curé, le rendant, et le procureur-fabricien en exercice, le compte de l'argent et les titres et papiers qui doivent être dans le coffre, ensemble pour visiter et mettre en ordre, s'ils n'y étaient pas, l'inventaire des titres, le registre des *récépissés*, le livre des places de l'église et les autres registres et états concernant la Fabrique, leur donnant à cet effet le pouvoir nécessaire, et feront mention de ce qu'ils auront fait au bas du présent, ce qui vaudra comme s'il était fait en présence de l'assemblée.

Clos et arrêté par nous.... (*le nom et la qualité de celui par devant qui le compte est rendu*) en présence de N. N. N. N., etc,, et autres principaux habitants qui ont signé avec nous, le rendant et NN.. procureur-fabricien en exercice, les autres ayant déclaré ne savoir signer, ou s'étant retirés avant la clôture ; la présente assemblée indiquée quinze jours auparavant ; l'avertissement renouvelé aujourd'hui à la messe paroissiale (*ou tel autre jour*) et par le son de la cloche à la manière accoutumée. Fait à.... le ... du mois de.... mil sept cent.... *Suivent les signatures, parmi lesquelles ne doivent pas être omises celles du rendant et du procureur-fabricien actuel qui reste chargé.*

> Nota. On change dans la formule ci-dessus ce qu'il convient, suivant les circonstances et les remarques précédentes.

Formule de l'acte à ajouter au bas de l'arrêté, par ceux qui auront été nommés pour examiner les registres et papiers et pour compter l'argent du coffre.

Nous soussignés désignés dans l'arrêté ci-dessus pour compter l'argent du coffre, et visiter les registres et papiers, y avons procédé en la manière qui suit :

1° Nous avons examiné le registre où sont marquées les sommes déposées dans le coffre et celles qui en ont été tirées : nous avons compté l'argent qui s'y trouve. Nous en avons trouvé le compte juste, en y comprenant le reliquat de compte ci-dessus. Nous en avons fait la note sur ledit registre en marquant la somme totale qui reste dans ledit coffre et nous avons signé.

2° Nous avons vérifié les titres et papiers du coffre sur l'inventaire et sur le registre des *récépissés*, nous les avons tous trouvés dans le coffre, ou écrits sur le registre des *récépissés* Les *récépissés* sont en bonne forme et signés. Nous avons ajouté sur l'inventaire des titres les quittances du présent compte déposées dans le coffre.

3° Nous avons examiné l'état des revenus et des charges de la fabrique, l'état particulier des fondations ; et l'état des meubles et leurs doubles, que nous avons trouvés en ordre (ou auxquels nous avons fait les changements nécessaires).

4° Nous avons pareillement examiné le livre des places de l'église, que nous avons trouvées inscrites, suivant qu'elles sont marquées dans le mémoire du rendant.

En foi de quoi nous nous sommes soussignés à N. le du mois de mil sept cent

> Nota. S'il y a des choses qui manquent à quelqu'un des articles, on en fait mention, et on le marque tout simplement.

———o⊙o———

RÈGLEMENT DES FABRIQUES.

(Décret du 30 décembre 1809).

CHAPITRE Ier. — De l'administration des Fabriques.

ARTICLE 1er. Les Fabriques dont l'article 76 de la loi du 18 germinal an 10 a ordonné l'établissement, sont chargées de veiller à l'entretien et à la conservation des Temples ; d'administrer les aumônes et les biens, rentes et perceptions autorisées par les lois et règlements, les sommes supplémentaires fournies par les communes, et généralement tous les fonds qui sont affectés à l'exercice du Culte ; enfin, d'assurer cet exercice, et le maintien de sa dignité, dans les Églises auxquelles elles sont attachées, soit en réglant les dépenses qui y sont nécessaires, soit en assurant les moyens d'y pourvoir.

2. Chaque Fabrique sera composée d'un Conseil, et d'un bureau de Marguilliers.

SECTION Ire. — Du conseil.

§ Ier. — De la composition du conseil.

3. Dans les Paroisses où la population sera de cinq milles âmes ou au-dessus, le Conseil sera composé de neuf Conseillers de Fabrique ; dans toutes les autres Paroisses, il devra l'être de cinq : ils seront pris parmi les Notables ; ils devront être catholiques et domiciliés dans la Paroisse.

4. De plus, seront de droit Membres du Conseil,

1° Le Curé ou Desservant, qui y aura la première place, et pourra s'y faire remplacer par un de ses Vicaires ;

2° Le Maire de la Commune du chef-lieu de la Cure ou Succursale ; il pourra s'y faire remplacer par l'un de ses Adjoints : si le Maire n'est pas catholique, il devra se substituer un Adjoint qui le soit, ou, à défaut, un Membre du Conseil municipal, catholique. Le Maire sera placé à la gauche, et le Curé ou Desservant à la droite du Président.

5. Dans les villes où il y aura plusieurs Paroisses ou Succursales, le Maire sera de droit Membre du Conseil de chaque Fabrique ; il pourra s'y faire remplacer, comme il est dit dans l'article précédent.

6. Dans les Paroisses ou Succursales dans lesquelles le Conseil de Fabrique sera composé de neuf Membres, non compris les Membres de droit, cinq des Conseillers seront, pour la première fois, à la nomination de l'Évêque, et quatre à celle du Préfet : dans celles où il ne sera composé que de cinq Membres, l'Évêque en nommera trois, et le Préfet deux. Ils entreront en fonctions le premier dimanche du mois d'avril prochain.

7. Le Conseil de Fabrique se renouvellera partiellement tous les trois ans, savoir : à l'expiration des trois premières années, dans les Paroisses où il est composé de neuf Membres, sans y comprendre les Membres de droit, par la sortie de cinq Membres, qui, pour la première fois, seront désignés par le sort, et des quatre plus anciens après les six ans révolus ; pour les Fabriques dont le Conseil est composé de cinq Membres, non compris les Membres de droit, par la sortie de trois Membres désignés par la voie du sort après les trois premières années, et des deux autres après les six ans révolus. Dans la suite, ce seront toujours les plus anciens en exercice qui devront sortir.

8. Les Conseillers qui devront remplacer les Membres sortants seront élus par les Membres restants.

Lorsque le remplacement ne sera pas fait à l'époque fixée, l'Évêque ordonnera qu'il y soit procédé dans le délai d'un mois ; passé lequel délai, il y nommera lui-même, et pour cette fois seulement.

Les Membres sortants pourront être réélus.

9. Le Conseil nommera au scrutin son Secrétaire et son Président : ils seront renouvelés le premier dimanche d'avril (1) de chaque année, et pourront être réélus. Le Président aura, en cas de partage, voix prépondérante.

Le Conseil ne pourra délibérer que lorsqu'il y aura plus de la moitié des Membres présents à l'assemblée ; et tous les Membres présents signeront la délibération, qui sera arrêtée à la pluralité des voix.

§ II. — Des séances du Conseil.

10. Le Conseil s'assemblera le premier dimanche du mois d'avril (1), de juillet, d'octobre et de janvier, à l'issue de la grand'messe ou des vêpres, dans l'Église, dans un lieu attenant à l'Église ou dans le Presbytère.

L'avertissement de chacune de ses séances sera publié, le dimanche précédent, au Prône de la grand'messe.

Le Conseil pourra de plus s'assembler extraordinairement, sur l'autorisation de l'Évêque ou du Préfet, lorsque l'urgence des affaires ou de quelques dépenses imprévues l'exigera.

§ III. — Des fonctions du Conseil.

11. Aussitôt que le Conseil aura été formé, il choisira au scrutin, parmi ses Membres, ceux qui, comme Marguilliers, entreront dans la composition du bureau ; et, à l'avenir, dans celle de ses sessions qui répondra à l'expiration du temps fixé par le présent règlement pour l'exercice des fonctions de Marguilliers, il fera également, au scrutin, élection de celui de ses Membres qui remplacera le Marguillier sortant.

12. Seront soumis à la délibération du Conseil :

1° Le budget de la Fabrique ;

2° Le compte annuel de son Trésorier ;

3° L'emploi des fonds excédant les dépenses, du montant des legs et donations, et le remploi des capitaux remboursés ;

4° Toutes les dépenses extraordinaires au-delà de cinquante francs dans les Paroisses au-dessous de mille âmes, et de cent francs dans les Paroisses d'une plus grande population ;

5° Les procès à entreprendre ou à soutenir, les baux emphytéotiques ou à longues années, les aliénations ou échanges, et généralement tous les objets excédant les bornes de l'administration ordinaire des biens des mineurs.

SECTION II. — Du bureau des Marguilliers.

§ Ier. — De la composition du bureau des Marguilliers.

13. Le bureau des Marguilliers se composera,

1° Du Curé ou Desservant de la Paroisse ou Succursale, qui en sera Membre perpétuel et de droit ;

2° De trois membres du Conseil de Fabrique.

Le Curé ou Desservant aura la première place, et pourra se faire remplacer par un de ses Vicaires.

14. Ne pourront être en même temps Membres du bureau les parents ou alliés, jusques et compris le degré d'oncle et de neveu.

15. Au premier dimanche d'avril (1) de chaque année, l'un des Marguilliers cessera d'être Membre du bureau, et sera remplacé.

16. Des trois Marguilliers qui seront, pour la première fois, nommés par le Conseil, deux sortiront successivement par la voie du sort, à la fin de la première et de la seconde année, et le troisième sortira de droit la troisième année révolue.

17. Dans la suite, ce seront toujours les Marguilliers les plus anciens en exercice qui devront sortir.

18. Lorsque l'élection ne sera pas faite à l'époque fixée, il y sera pourvu par l'Évêque.

19. Ils nommeront entre eux un Président, un Secrétaire et un Trésorier.

20. Les Membres du bureau ne pourront délibérer, s'ils ne sont au moins au nombre de trois.

En cas de partage, le Président aura voix prépondérante.

Toutes les délibérations seront signées par les Membres présents.

21. Dans les Paroisses où il y avait ordinairement des Marguilliers d'honneur, il pourra en être choisi deux, par le Conseil, parmi les principaux fonctionnaires publics

(1) Aujourd'hui le dimanche de Quasimodo.

domiciliés dans la Paroisse. Ces Marguilliers, et tous les Membres du Conseil, auront une place distinguée dans l'Église; ce sera *le Banc de l'œuvre* : il sera placé devant la chaire autant que faire se pourra. Le Curé ou Desservant aura, dans ce Banc, la première place, toutes les fois qu'il s'y trouvera pendant la prédication.

§ II. — *Des séances du bureau des Marguilliers.*

22. Le bureau s'assemblera tous les mois, à l'issue de la Messe paroissiale, au lieu indiqué pour la tenue des séances du Conseil.

23. Dans les cas extraordinaires, le bureau sera convoqué, soit d'office par le Président, soit sur la demande du Curé ou Desservant.

§ III. — *Fonctions du bureau.*

24. Le bureau des Marguilliers dressera le budget de la Fabrique, et préparera les affaires qui doivent être portées au Conseil; il sera chargé de l'exécution des délibérations du Conseil, et de l'administration journalière du temporel de la Paroisse.

25. Le trésorier est chargé de procurer la rentrée de toutes les sommes dues à la Fabrique, soit comme faisant partie de son revenu annuel, soit à tout autre titre.

26. Les Marguilliers sont chargés de veiller à ce que toutes les fondations soient fidèlement acquittées et exécutées suivant l'intention des fondateurs, sans que les sommes puissent être employées à d'autres charges.

Un extrait du sommier des titres contenant les fondations qui doivent être desservies pendant le cours d'un trimestre, sera affiché dans la sacristie, au commencement de chaque trimestre, avec les noms du fondateur et de l'ecclésiastique qui acquittera chaque fondation.

Il sera aussi rendu compte, à la fin de chaque trimestre, par le Curé ou Desservant, au bureau des Marguilliers, des fondations acquittées pendant le cours du trimestre.

27. Les Marguilliers fourniront l'huile, le pain, le vin, l'encens, la cire, et généralement tous les objets de consommation nécessaires à l'exercice du culte; ils pourvoiront également aux réparations et achats des ornements, meubles et ustensiles de l'Église et de la sacristie.

28. Tous les marchés seront arrêtés par le bureau des Marguilliers, et signés par le Président, ainsi que les mandats.

29. Le Curé ou Desservant se conformera aux règlements de l'Évêque pour tout ce qui concerne le service divin, les prières et les instructions, et l'acquittement des charges pieuses imposées par les Bienfaiteurs, sauf les réductions qui seraient faites par l'Évêque, conformément aux règles canoniques, lorsque le défaut de proportions des libéralités et des charges qui en seront la condition, l'exigera.

30. Le Curé ou Desservant agréera les Prêtres habitués et leur assignera leurs fonctions.

Dans les Paroisses où il en sera établi, il désignera le Sacristain-Prêtre, le Chantre-Prêtre et les Enfants de chœur.

Le placement des bancs ou chaises dans l'Église ne pourra être fait que du consentement du Curé ou Desservant, sauf le recours à l'Évêque.

31. Les annuels auxquels les fondateurs ont attaché des honoraires, et généralement tous les annuels emportant une rétribution quelconque, seront donnés de préférence aux Vicaires, et ne pourront être acquittés qu'à leur défaut par les Prêtres habitués ou autres ecclésiastiques, à moins qu'il n'en ait été ordonné autrement par les fondateurs.

32. Les Prédicateurs seront nommés par les Marguilliers à la pluralité des suffrages, sur la présentation faite par le Curé ou Desservant, et à la charge par lesdits Prédicateurs d'obtenir l'autorisation de l'ordinaire.

33. La nomination et la révocation de l'Organiste, des Sonneurs, des Bedeaux, Suisses ou autres Serviteurs de l'Église, appartiennent aux Marguilliers sur la proposition du Curé ou Desservant (2).

34. Sera tenu le Trésorier de présenter, tous les trois mois, au bureau des Marguilliers, un bordereau signé de lui et certifié véritable, de la situation active et passive de la Fabrique pendant les trois mois précédents :

____

(2) Dans les paroisses de la campagne, la nomination et la révocation des employés de l'église appartiennent au Curé.

ces bordereaux seront signés de ceux qui auront assisté à l'assemblée, et déposés dans la caisse ou armoire de la Fabrique, pour être représentés lors de la reddition du compte annuel.

Le bureau déterminera, dans la même séance, la somme nécessaire pour les dépenses du trimestre suivant.

35. Toute la dépense de l'Église et les frais de sacristie seront faits par le Trésorier; et en conséquence, il ne sera rien fourni par aucun marchand ou artisan sans un mandat du Trésorier, au pied duquel le Sacristain, ou toute autre personne apte à recevoir la livraison, certifiera que le contenu audit mandat a été rempli.

CHAPITRE II. — Des revenus, des charges, du budget de la Fabrique.

SECTION Ire. — *Des revenus de la Fabrique.*

36. Les revenus de chaque Fabrique se forment,

1° Du produit des biens et rentes restitués aux Fabriques, des biens des Confréries, et généralement de ceux qui auraient été affectés aux Fabriques par nos divers décrets;

2° Du produit des biens, rentes et fondations qu'elles ont été ou pourront être par nous autorisées à accepter;

3° Du produit des biens et rentes cédés au domaine dont nous les avons autorisées, ou dont nous les autoriserions à se mettre en possession;

4° Du produit spontané des terrains servant de cimetière;

5° Du prix de la location des chaises;

6" De la concession des bancs placés dans l'Église;

7° Des quêtes faites pour les frais du Culte;

8° De ce qui sera trouvé dans les troncs placés pour le même objet;

9° Des oblations faites à la Fabrique;

10° Des droits que, suivant les règlements épiscopaux approuvés par nous, les Fabriques perçoivent, et de celui qui leur revient sur le produit des frais d'inhumation;

11° Du supplément donné par la commune, le cas échéant.

SECTION II. — *Des charges de la Fabrique.*

§ Ier. — *Des charges en général.*

37. Les charges de la Fabrique sont,

1° De fournir aux frais nécessaires du Culte, savoir : les ornements, les vases sacrés, le linge, le luminaire, le pain, le vin, l'encens, le payement des Vicaires, des Sacristains, Chantres, Organistes, Sonneurs, Suisses, Bedeaux et autres employés au service de l'Église, selon la convenance et les besoins des lieux;

2° De payer l'honoraire des Prédicateurs de l'Avent, du Carême et autres solennités;

3° De pourvoir à la décoration et aux dépenses relatives à l'embellissement intérieur de l'Église;

4° De veiller à l'entretien des Églises, Presbytères et cimetières; et, en cas d'insuffisance des revenus de la Fabrique, de faire toutes diligences nécessaires pour qu'il soit pourvu aux réparations et reconstructions, ainsi que le tout est réglé au § III.

§ II. — *De l'établissement et du payement des Vicaires.*

38. Le nombre de Prêtres et de Vicaires habitués à chaque Église sera fixé par l'Évêque, après que les Marguilliers en auront délibéré, et que le Conseil municipal de la commune aura donné son avis.

39. Si, dans le cas de la nécessité d'un Vicaire, reconnue par l'Évêque, la Fabrique n'est pas en état de payer le traitement, la décision épiscopale devra être adressée au Préfet, et il sera procédé ainsi qu'il est expliqué à l'article 49, concernant les autres dépenses de la célébration du Culte, pour lesquelles les communes suppléent à l'insuffisance des revenus des Fabriques.

40. Le traitement des Vicaires sera de cinq cents francs au plus, et de trois cents francs au moins.

§ III. — *Des réparations.*

41. Les Marguilliers, et spécialement le Trésorier, seront tenus de veiller à ce que toutes les réparations soient bien et promptement faites. Ils auront soin de visiter les bâtiments avec des gens de l'art, au commencement du printemps et de l'automne.

Ils pourvoiront sur-le-champ, et par économie, aux réparations locatives ou autres qui n'excéderont pas la proportion indiquée en l'article 12 et sans préjudice toutefois des dépenses réglées pour le Culte.

42. Lorsque les réparations excéderont la somme ci-dessus indiquée, le bureau sera tenu d'en faire rapport au Conseil, qui pourra ordonner (3) toutes les réparations qui ne s'élèveraient pas à plus de cent francs dans les communes au-dessous de mille âmes, et de deux cents francs dans celles d'une plus grande population.

Néanmoins ledit Conseil ne pourra, même sur le revenu libre de la Fabrique, ordonner les réparations qui excéderaient la quotité ci-dessus énoncée, qu'en chargeant le bureau de faire dresser un devis estimatif, et de procéder à l'adjudication au rabais ou par soumission, après trois affiches renouvelées de huitaine en huitaine.

43. Si la dépense ordinaire, arrêtée par le budget, ne laisse pas de fonds disponibles, ou n'en laisse pas de suffisants pour les réparations, le bureau en fera son rapport au Conseil, et celui-ci prendra une délibération tendant à ce qu'il y soit pourvu dans les formes prescrites au chapitre IV du présent règlement : cette délibération sera envoyée par le Président au Préfet.

44. Lors de la prise de possession de chaque Curé ou Desservant, il sera dressé, aux frais de la commune, et à la diligence du Maire, un état de situation du Presbytère et de ses dépendances. Le Curé ou Desservant ne sera tenu que des simples réparations locatives, et des dégradations survenues par sa faute. Le Curé ou Desservant sortant, ou ses héritiers ou ayant cause, seront tenus desdites réparations locatives et dégradations.

SECTION III. — Du budget de la Fabrique.

45. Il sera présenté chaque année au bureau, par le Curé ou Desservant, un état par aperçu des dépenses nécessaires à l'exercice du culte, soit pour les objets de consommation, soit pour réparations et entretien d'ornements, meubles et ustensiles d'Église.

Cet état, après avoir été, article par article, approuvé par le bureau, sera porté en bloc, sous la désignation de *dépenses intérieures*, dans le projet du budget général : le détail de ces dépenses sera annexé audit projet.

46. Ce budget établira la recette et la dépense de l'Église. Les articles de dépenses seront classés dans l'ordre suivant :

1° Les frais ordinaires de la célébration du culte ;

2° Les frais de réparation des ornements, meubles et ustensiles d'Église ;

3° Les gages des officiers et serviteurs de l'Église ;

4° Les frais de réparations locatives.

La portion de revenus qui restera après cette dépense acquittée, servira au traitement des Vicaires légitimement établis ; et l'excédant, s'il y en a, sera affecté aux grosses réparations des édifices affectés au service du culte.

47. Le budget sera soumis au Conseil de la Fabrique, dans la séance du mois d'avril (1) de chaque année ; il sera envoyé, avec l'état des dépenses de la célébration du culte, à l'Évêque diocésain, pour avoir sur le tout son approbation.

48. Dans le cas où les revenus de la Fabrique couvriraient les dépenses portées au budget, le budget pourra, sans autres formalités, recevoir sa pleine et entière exécution.

49. Si les revenus sont insuffisants pour acquitter ; soit les frais indispensables du culte, soit les dépenses nécessaires pour le maintien de sa dignité, soit les gages des officiers et des serviteurs de l'Église, soit les réparations des bâtiments, ou pour fournir à la subsistance de ceux des Ministres que l'État ne salarie pas, le budget contiendra l'aperçu des fonds qui devront être demandés aux paroissiens pour y pourvoir, ainsi qu'il est réglé dans le chapitre IV.

CHAPITRE III.

SECTION Ire. — De la régie des biens de la Fabrique.

50. Chaque Fabrique aura une caisse ou armoire fermant à trois clefs, dont une restera dans les mains du Trésorier, l'autre dans celles du Curé ou Desservant, et la troisième dans celles du Président du bureau.

51. Seront déposés dans cette caisse tous les deniers appartenant à la Fabrique, ainsi que les clefs des troncs des Églises.

52. Nulle somme ne pourra être extraite de la caisse

(3) Ajoutez : *par économie.*

sans autorisation du bureau, et sans un récépissé qui y restera déposé.

53. Si le Trésorier n'a pas dans les mains la somme fixée à chaque trimestre, par le bureau, pour la dépense courante, ce qui manquera sera extrait de la caisse, comme aussi ce qu'il se trouverait avoir d'excédant sera versé dans cette caisse.

54. Seront aussi déposés dans une caisse ou armoire les papiers, titres et documents concernant les revenus et affaires de la Fabrique, et notamment les comptes avec les pièces justificatives, les registres de délibérations, autres que le registre courant, le sommier des titres et les inventaires ou récolements dont il est mention aux deux articles qui suivent.

55. Il sera fait incessamment, et sans frais, deux inventaires, l'un, des ornements, linges, vases sacrés, argenterie, ustensiles, et en général de tout le mobilier de l'Église ; l'autre, des titres, papiers et renseignements, avec mention des biens contenus dans chaque titre, du revenu qu'ils produisent, de la fondation à la charge de laquelle les biens ont été donnés à la Fabrique. Un double inventaire du mobilier sera remis au Curé ou Desservant.

Il sera fait, tous les ans, un récolement desdits inventaires, afin d'y porter les additions, réformes ou autres changements : ces inventaires et récolements seront signés par le Curé ou Desservant, et par le président du bureau.

56. Le secrétaire du bureau transcrira, par suite de numéros et par ordre de dates, sur un registre sommier,

1° Les actes de fondation, et généralement tous les titres de propriété ;

2° Les baux à ferme ou loyer.

La transcription sera entre deux marges, qui serviront pour y porter, dans l'une, les revenus, dans l'autre, les charges.

Chaque pièce sera signée et certifiée conforme à l'original par le Curé ou Desservant, et par le président du bureau.

57. Nul titre ni pièce ne pourra être extrait de la caisse sans un récépissé qui fera mention de la pièce retirée, de la délibération du bureau par laquelle cette extraction aura été autorisée, de la qualité de celui qui s'en chargera et signera le récépissé, de la raison pour laquelle elle aura été tirée de ladite caisse ou armoire ; et, si c'est pour un procès, le tribunal et le nom de l'avoué seront désignés.

Ce récépissé, ainsi que la décharge au temps de la remise, seront inscrits sur le sommier ou registre des titres.

58. Tout notaire devant lequel il aura été passé un acte contenant donation entre-vifs ou disposition testamentaire au profit d'une Fabrique, sera tenu d'en donner avis au Curé ou Desservant.

59. Tout acte contenant des dons ou legs à une Fabrique sera remis au Trésorier, qui en fera son rapport à la prochaine séance du bureau. Cet acte sera ensuite adressé par le Trésorier, avec les observations du bureau, à l'Archevêque ou Évêque diocésain, pour que celui-ci donne sa délibération s'il convient ou non d'accepter.

Le tout sera envoyé au ministre des cultes, sur le rapport duquel la Fabrique sera, s'il y a lieu, autorisée à accepter ; l'acte d'acceptation, dans lequel il sera fait mention de l'autorisation, sera signé par le Trésorier au nom de la Fabrique.

60. Les maisons et biens ruraux appartenant à la Fabrique seront affermés, régis et administrés par le bureau des Marguilliers, dans la forme déterminée pour les biens communaux.

61. Aucun des membres du bureau des Marguilliers ne peut se porter, soit pour adjudicataire, soit même pour associé de l'adjudicataire, de ventes, marchés de réparations, constructions, reconstructions, ou baux des biens de la Fabrique.

62. Ne pourront les biens immeubles de l'Église être vendus, aliénés, échangés, ni même loués pour un terme plus long que neuf ans, (4) sans une délibération du Conseil, l'avis de l'Évêque diocésain, et notre autorisation.

63. Les deniers provenant de donations ou legs, dont l'emploi ne serait pas déterminé par la fondation, les remboursements de rentes, le prix de ventes ou soultes d'échanges, les revenus excédant l'acquit des charges ordinaires, seront employés dans les formes déterminées

(4) Les biens *ruraux* des Fabriques peuvent être affermés pour dix-huit ans et au-dessous, sans autre formalités que celles prescrites pour les baux de neuf ans.

par l'avis du Conseil d'État, approuvé par nous le 21 décembre 1806.

Dans le cas où la somme serait insuffisante, elle restera en caisse, si on prévoit que, dans les six mois suivants, il rentrera des fonds disponibles, afin de compléter la somme nécessaire pour cette espèce d'emploi : sinon, le Conseil délibérera sur l'emploi à faire, et le Préfet ordonnera celui qui paraîtra le plus avantageux.

64. Le prix des chaises sera réglé, pour les différents offices, par délibération du bureau, approuvée par le Conseil : cette délibération sera affichée dans l'Église.

65. Il est expressément défendu de rien percevoir pour l'entrée de l'Église, ni de percevoir dans l'Église, plus que le prix des chaises, sous quelque prétexte que ce soit.

Il sera même réservé dans toutes les Églises une place où les fidèles qui ne louent pas de chaises ni de bancs, puissent commodément assister au service divin, et entendre les instructions.

66. Le bureau des Marguilliers pourra être autorisé par le Conseil, soit à régir la location des bancs et chaises, soit à la mettre en ferme.

67. Quand la location des chaises sera mise en ferme, l'adjudication aura lieu après trois affiches de huitaine en huitaine : les enchères seront reçues au bureau de la Fabrique par soumission, et l'adjudication sera faite au plus offrant, en présence des Marguilliers ; de tout quoi il sera fait mention dans le bail, auquel sera annexée la délibération qui aura fixé le prix des chaises.

68. Aucune concession de bancs ou de places dans l'Église ne pourra être faite, soit par bail pour une prestation annuelle, soit au prix d'un capital ou d'un immeuble, *soit* (5) pour un temps plus long que la vie de ceux qui l'auront obtenue, sauf l'exception ci-après.

69. La demande de concession sera présentée au bureau, qui préalablement la fera publier par trois dimanches, et afficher à la porte de l'Église pendant un mois, afin que chacun puisse obtenir la préférence par une offre plus avantageuse.

S'il s'agit d'une concession pour un immeuble, le bureau le fera évaluer en capital et en revenu, pour être, cette évaluation, comprise dans les affiches et publications.

70. Après ces formalités remplies, le bureau fera son rapport au Conseil.

S'il s'agit d'une concession par bail pour une prestation annuelle, et que le Conseil soit d'avis de faire cette concession, sa délibération sera un titre suffisant.

71. S'il s'agit d'une concession pour un immeuble, il faudra, sur la délibération du Conseil, obtenir notre autorisation dans la même forme que pour les dons et legs. Dans le cas où il s'agirait d'une valeur mobilière, notre autorisation sera nécessaire, lorsqu'elle s'élèvera à la même quotité pour laquelle les communes et les hospices sont obligés de l'obtenir.

72. Celui qui aurait entièrement bâti une Église, pourra retenir la propriété d'un banc ou d'une chapelle pour lui et sa famille, tant qu'elle existera.

Tout donateur ou bienfaiteur d'une Église pourra obtenir la même concession, sur l'avis du Conseil de Fabrique approuvé par l'Évêque et par le Ministre des cultes.

73. Nul cénotaphe, nulles inscriptions, nuls monuments funèbres ou autres, de quelque genre que ce soit, ne pourront être placés dans les Églises que sur la proposition de l'Évêque diocésain et la permission de notre Ministre des cultes.

74. Le montant des fonds perçus pour le compte de la Fabrique, à quelque titre que ce soit, sera, à fur et mesure de la rentrée, inscrit avec la date du jour et du mois, sur un registre coté et paraphé, qui demeurera entre les mains du Trésorier.

75. Tout ce qui concerne les quêtes dans les Églises sera réglé par l'Évêque, sur le rapport des Marguilliers, sans préjudice des quêtes pour les pauvres, lesquelles devront toujours avoir lieu dans les Églises, toutes les fois que les bureaux de bienfaisance le jugeront convenable.

76. Le Trésorier portera parmi les recettes en nature, les cierges offerts sur les pains bénits, ou délivrés pour les annuels, et ceux qui, dans les enterrements et services funèbres, appartiennent à la Fabrique.

77. Ne pourront les Marguilliers entreprendre aucun procès, ni y défendre, sans une autorisation du Conseil

de préfecture, auquel sera adressée la délibération qui devra être prise à ce sujet par le Conseil et le bureau réunis.

78. Toutefois le Trésorier sera tenu de faire tous actes conservatoires pour le maintien des droits de la Fabrique, et toutes diligences nécessaires pour le recouvrement de ses revenus.

79. Les procès seront soutenus au nom de la Fabrique, et les diligences faites à la requête du Trésorier, qui donnera connaissance de ces procédures au bureau.

80. Toutes contestations relatives à la propriété des biens et toutes poursuites à fin de recouvrement des revenus, seront portées devant les juges ordinaires.

81. Les registres des Fabriques seront sur papier non timbré. Les dons et legs qui leur seraient faits, ne supporteront que le droit fixe d'un franc.

SECTION II. — Des comptes.

82. Le compte à rendre chaque année par le Trésorier, sera divisé en deux chapitres ; l'un de recette, et l'autre de dépense.

Le chapitre de recette sera divisé en trois sections ; la première, pour la recette ordinaire ; la deuxième, pour la recette extraordinaire ; et la troisième, pour la partie des recouvrements ordinaires ou extraordinaires qui n'auraient pas encore été faits. Le reliquat d'un compte formera toujours le premier article du compte suivant.

Le chapitre de dépense sera aussi divisé en dépenses ordinaires, dépenses extraordinaires, et dépenses tant ordinaires qu'extraordinaires non encore acquittées.

83. A chacun des articles de recette, soit des rentes, soit des loyers ou autres revenus, il sera fait mention des débiteurs, fermiers ou locataires, des noms et situation de la maison et héritages, de la rente foncière ou constituée ; de la date du dernier titre nouvel ou du dernier bail, et des notaires qui les auront reçus ; ensemble de la fondation à laquelle la rente est affectée, si elle est connue.

84. Lorsque, soit par le décès du débiteur, soit par le partage de la maison ou de l'héritage qui est grevé d'une rente, cette rente se trouve due par plusieurs débiteurs, il ne sera néanmoins porté qu'un seul article de recette, dans lequel il sera fait mention de tous les débiteurs, et sauf l'exercice de l'action solidaire, s'il y a lieu.

85. Le Trésorier sera tenu de présenter son compte annuel au bureau des Marguilliers dans la séance du premier dimanche du mois de mars.

Le compte, avec les pièces justificatives, leur sera communiqué, sur le récépissé de l'un d'eux. Ils feront au Conseil, dans la séance du premier dimanche du mois d'avril, le rapport du compte : il sera examiné, clos et arrêté dans cette séance, qui sera, pour cet effet, prorogé au dimanche suivant, si besoin est.

86. S'il arrive quelques débats sur un ou plusieurs articles du compte, le compte n'en sera pas moins clos, sous la réserve des articles contestés.

87. L'Évêque pourra nommer un commissaire pour assister, en son nom, au compte annuel ; mais si ce commissaire est un autre qu'un grand Vicaire, il ne pourra rien ordonner sur le compte, mais seulement dresser procès-verbal sur l'état de la Fabrique et sur les fournitures et réparations à faire à l'Église.

Dans tous les cas, les Archevêques et Évêques en cours de visite, ou leurs Vicaires-généraux, pourront se faire représenter tous comptes, registres et inventaires, et vérifier l'état de la caisse.

88. Lorsque le compte sera arrêté, le reliquat sera remis au Trésorier en exercice, qui sera tenu de s'en charger en recette. Il lui sera en même temps remis un état de ce que la Fabrique a à recevoir par baux à ferme, une copie du tarif des droits casuels, un tableau par approximation des dépenses, celui des reprises à faire, celui des charges et fournitures non acquittées.

Il sera, dans la même séance, dressé sur le registre des délibérations, acte de ces remises ; et copie en sera délivrée, en bonne forme, au Trésorier sortant, pour lui servir de décharge.

89. Le compte annuel sera en double copie, dont l'une sera déposée dans la caisse ou armoire à trois clefs, l'autre à la Mairie.

90. Faute par le Trésorier de présenter son compte à l'époque fixée, et d'en payer le reliquat, celui qui lui succédera sera tenu de faire, dans le mois au plus tard, les diligences nécessaires pour l'y contraindre ; et, à son défaut, le Procureur impérial, soit d'Office, soit sur l'avis

<hr>

(5) Ce mot *soit* est de trop ; le sens demande sa suppression.

qui lui en sera donné par l'un des Membres du bureau ou du Conseil, soit sur l'ordonnance rendue par l'Evêque en cours de visite, sera tenu de poursuivre le comptable devant le Tribunal de première instance, et le fera condamner à payer le reliquat, à faire régler les articles débattus, ou à rendre son compte, s'il ne l'a été, le tout dans un délai qui sera fixé ; sinon, et ledit temps passé, à payer provisoirement, au profit de la Fabrique, la somme égale à la moitié de la recette ordinaire de l'année précédente, sauf les poursuites ultérieures.

91. Il sera pourvu, dans chaque paroisse, à ce que les comptes qui n'ont pas été rendus le soient dans la forme prescrite par le présent règlement, et six mois au plus tard après sa publication.

CHAPITRE IV. — Des charges des communes relativement au culte.

92. Les charges des communes relativement au culte, sont :

1° De suppléer à l'insuffisance des revenus de la Fabrique pour les charges portées en l'article 37 ;

2° De fournir au Curé ou Desservant un Presbytère, ou, à défaut de Presbytère, un logement, ou, à défaut de Presbytère et de logement, une indemnité pécuniaire.

3° De fournir aux grosses réparations des édifices consacrés au culte.

93. Dans le cas où les communes sont obligées de suppléer à l'insuffisance des revenus des Fabriques pour ces deux premiers chefs (6), le budget de la Fabrique sera porté au Conseil municipal dûment convoqué à cet effet, pour y être délibéré ce qu'il appartiendra. La délibération du Conseil municipal devra être adressée au Préfet, qui la communiquera à l'Evêque diocésain pour avoir son avis. Dans le cas où l'Evêque et le Préfet seraient d'avis différents, il pourra en être référé, soit par l'un, soit par l'autre, à notre Ministre des Cultes.

94. S'il s'agit de réparations de bâtiments, de quelque nature qu'elles soient, et que la dépense ordinaire arrêtée par le budget ne laisse pas de fonds disponibles, ou n'en laisse pas de suffisants pour ces réparations, le bureau en fera son rapport au Conseil, et celui-ci prendra une délibération tendant à ce qu'il y soit pourvu par la commune : cette délibération sera envoyée par le Trésorier au Préfet.

95. Le Préfet nommera les gens de l'art par lesquels en présence de l'un des Membres du Conseil municipal et de l'un des Marguilliers, il sera dressé, le plus promptement qu'il sera possible, un devis estimatif des réparations. Le Préfet soumettra ce devis au Conseil municipal, et, sur son avis, ordonnera, s'il y a lieu, que ces réparations soient faites aux frais de la commune, et en conséquence qu'il soit procédé, par le Conseil municipal, en la forme accoutumée, à l'adjudication au rabais.

96. Si le Conseil municipal est d'avis de demander une réduction sur quelques articles de dépense de la célébration du culte, et dans le cas où il ne reconnaîtrait pas la nécessité de l'établissement d'un Vicaire, sa délibération en portera les motifs.

Toutes les pièces seront adressées à l'Evêque, qui prononcera.

97. Dans le cas où l'Evêque prononcerait contre l'avis du Conseil municipal, ce Conseil pourra s'adresser au Préfet ; et celui-ci enverra, s'il y a lieu, toutes les pièces au Ministre des cultes, pour être par nous, sur son rapport, statué en notre Conseil d'Etat ce qu'il appartiendra.

98. S'il s'agit de dépenses pour réparations ou reconstructions qui auront été constatées, conformément à l'article 95, le Préfet ordonnera que ces réparations soient payées sur les revenus communaux, et en conséquence qu'il soit procédé par le Conseil municipal, en la forme accoutumée, à l'adjudication au rabais.

99. Si les revenus communaux sont insuffisants, le

Conseil délibérera sur les moyens de subvenir à cette dépense, selon les règles prescrites par la loi.

100. Néanmoins, dans le cas où il serait reconnu que les habitants d'une Paroisse sont dans l'impuissance de fournir aux réparations, même par levée extraordinaire, on se pourvoira devant nos Ministres de l'intérieur et des cultes, sur le rapport desquels il sera fourni à cette Paroisse tel secours qui sera par eux déterminé, et qui sera pris sur le fonds commun établi par la loi du 15 septembre 1807, relative au budget de l'Etat.

101. Dans tous les cas où il y aura lieu au recours d'une Fabrique sur une commune, le Préfet fera un nouvel examen du budget de la commune, et décidera si la dépense demandée pour le culte peut être prise sur les revenus de la commune, ou jusqu'à concurrence de quelle somme, sauf notre approbation pour les communes dont les revenus excèdent vingt mille francs.

102 Dans le cas où il y a lieu à la convocation du Conseil municipal, si le territoire de la Paroisse comprend plusieurs communes, le Conseil de chaque commune sera convoqué et délibérera séparément.

103. Aucune imposition extraordinaire sur les communes ne pourra être levée pour les frais du culte, qu'après l'accomplissement préalable des formalités prescrites par la loi.

CHAPITRE V. — Des églises cathédrales, des maisons épiscopales et des séminaires.

104. Les Fabriques des Eglises métropolitaines et cathédrales continueront à être composées et administrées conformément aux règlements épiscopaux qui ont été réglés par nous.

105. Toutes les dispositions concernant les Fabriques paroissiales sont applicables, en tant qu'elles concernent leur administration intérieure, aux Fabriques des cathédrales.

106. Les départements compris dans un Diocèse sont tenus envers la Fabrique de la cathédrale, aux mêmes obligations que les communes envers leurs Fabriques paroissiales.

107. Lorsqu'il surviendra de grosses réparations ou des reconstructions à faire aux Eglises cathédrales, aux Palais épiscopaux et aux Séminaires diocésains, l'Evêque en donnera l'avis officiel au Préfet du département dans lequel est le chef-lieu de l'évêché ; il donnera en même temps un état sommaire des revenus et des dépenses de sa Fabrique, en faisant sa déclaration des revenus qui restent libres après les dépenses ordinaires de la célébration du culte.

108. Le Préfet ordonnera que, suivant les formes établies pour les travaux publics, en présence d'une personne à ce commise par l'Evêque, il soit dressé un devis estimatif des ouvrages à faire.

109. Ce rapport sera communiqué à l'Evêque, qui l'enverra au Préfet avec ses observations.

Ces pièces seront ensuite transmises par le Préfet, avec son avis, à notre Ministre de l'intérieur ; il en donnera connaissance à notre Ministre des cultes.

110. Si les réparations sont à la fois nécessaires et urgentes, notre Ministre de l'intérieur ordonnera qu'elles soient provisoirement faites sur les premiers deniers dont les Préfets pourront disposer, sauf le remboursement avec les fonds qui seront faits pour cet objet par le conseil général du département, auquel il sera donné communication du budget de la Fabrique de la cathédrale, et qui pourra user de la Faculté accordée aux conseils municipaux par l'article 96.

111. S'il y a dans le même Evêché plusieurs départements, la répartition entre eux se fera dans les proportions ordinaires, si ce n'est que le département où sera le chef-lieu du diocèse payera un dixième de plus.

112. Dans les départements où les cathédrales ont des Fabriques ayant des revenus dont une partie est assignée à les réparer, cette assignation continuera d'avoir lieu, et seront, au surplus, les réparations faites conformément à ce qui est prescrit ci-dessus.

113. Les fondations, donations ou legs faits aux Eglises cathédrales, seront acceptés, ainsi que ceux faits aux séminaires, par l'Evêque diocésain, sauf notre autorisation donnée en conseil d'Etat, sur le rapport de notre Ministre des cultes.

---

(6) Dans le projet soumis aux délibérations du Conseil d'Etat le § n° 3 de l'article 92 précédait le § n° 2. La transposition qui en a été faite dans l'édition officielle et qu'il faut sans doute attribuer à une erreur du copiste ou du compositeur d'imprimerie, rend l'article 93 difficile à concilier avec les articles 37, 44, 45, 49, et le met en opposition avec l'ancienne jurisprudence et même avec l'article 21 du décret du 6 novembre 1813.

TABLE DES MATIÈRES.